像摄影师一样调色

大疯　编著

電子工業出版社
Publishing House of Electronics Industry
北京・BEIJING

图书在版编目（CIP）数据
像摄影师一样调色 / 大疯编著. -- 北京 : 电子工业出版社, 2024. 9. -- ISBN 978-7-121-48484-1
Ⅰ. TP391.413
中国国家版本馆 CIP 数据核字第 2024TC0897 号

责任编辑：高　鹏
印　　刷：北京缤索印刷有限公司
装　　订：北京缤索印刷有限公司
出版发行：电子工业出版社
北京市海淀区万寿路173信箱　　邮编：100036
开　　本：787×1092　1/16　印张：16.75　字数：428.8千字
版　　次：2024年9月第1版
印　　次：2024年9月第1次印刷
定　　价：99.00元

凡所购买电子工业出版社图书有缺损问题，请向购买书店调换。若书店售缺，请与本社发行部联系，联系及邮购电话：（010）88254888，88258888。
质量投诉请发邮件至 zlts@phei.com.cn，盗版侵权举报请发邮件至 dbqq@phei.com.cn。
本书咨询联系方式：（010）88254161 ～ 88254167 转 1897。

Preface 前言

摄影后期调色的方法有很多，特别是在这个科技和网络都非常发达的时代，很多事情都是动动手指就能解决的。例如，使用美图秀秀 App，简单套用滤镜就可以提升照片的质感或对照片进行二次创作。作为一个专业的摄影师，我在日常拍摄中也经常会这样做。

在编写本书之前，我编写了一本入门的摄影书籍——《美食摄影与后期技法课》，那么本书是否应该写得高阶一些？但是在初步整理写作思路的时候，我发现其实没有办法，摄影后期的内容包括但不限于调色、设计、技术合成，如果全部讲透彻，那么本书将是一本极其厚重的书，而很多“高大上”的技巧，其实在日常生活中是用不到的。如果只讲解“高阶”内容，那么实际内容会变得“假大空”，而且我觉得技术其实并不存在“高阶”“低阶”的区别，技术的运用其实对应的是使用场景及功能。

我希望更多的初学者，不要被“高深”的后期技巧和理论吓退，如果只是爱好，那么可以花费很少的时间和精力，只学习一款基本包含所有功能的软件，就能快速入门，并发挥审美和创作能力尽快实现预期的效果。如果你能因此得到足够的正向情绪价值，那么我想你自然会更有动力去学习一些更商业、更规范、更“高阶”的后期技巧，说不定会因此走上专业摄影之路，那就是我最大的快乐了。

读者服务

读者在阅读本书的过程中如果遇到问题，可以关注“有艺”公众号，通过公众号中的“读者反馈”功能与我们取得联系。此外，通过关注“有艺”公众号，您还可以获取艺术教程、艺术素材、新书资讯、书单推荐、优惠活动等相关信息。

扫一扫关注“有艺”

投稿、团购合作：请发邮件至 art@phei.com.cn。

Contents 目录

第 1 章
美学养成 1

1.1 什么是好照片 2
1.2 RAW 文件 6
1.3 摄影的种类 9
1.4 色彩 24
1.5 色彩与光 30
1.6 配色法则 39
1.7 影调 45

第 2 章
后期技术养成 50

2.1 认识 Lightroom 51
2.2 读懂一张照片 57
2.3 基本参数 68
2.4 色调曲线 81
2.5 细节 96
2.6 镜头校正 101
2.7 变换 105

2.8 效果 109
2.9 校准 113
2.10 蒙版及其他 115

第 3 章
实战演练——静物美食 125

3.1 干净的亮调 128
3.2 浓郁的暗调 144
3.3 丰富的中调 157

第 4 章
实战演练——生活扫街 169

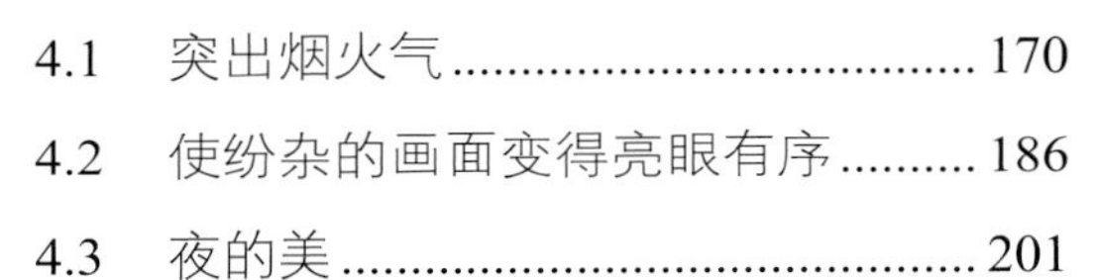

4.1 突出烟火气 170
4.2 使纷杂的画面变得亮眼有序 186
4.3 夜的美 201

第 5 章
实战演练——几种影调 217

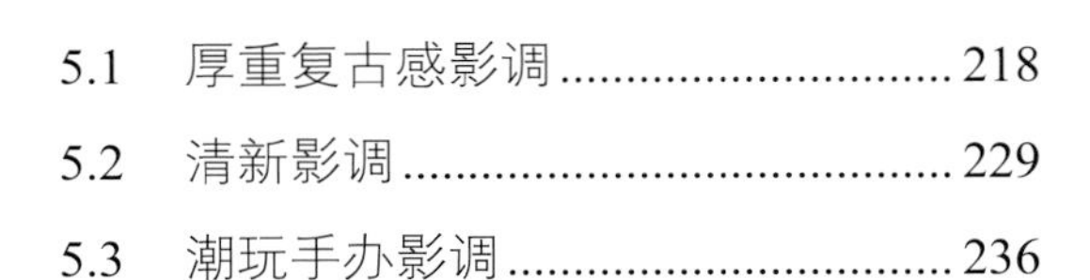

5.1 厚重复古感影调 218
5.2 清新影调 229
5.3 潮玩手办影调 236

第1章 美学养成

1.1 什么是好照片

摄影是一种主观的艺术形式，不同的人可能会对同一张照片产生截然不同的评价。然而，从广义的角度来看，好照片有以下含义。

（1）情感与故事性

好照片通常能够触动观众的内心，引起观众的情感共鸣或反思，并传达一个清晰的故事或信息。

（2）构图

好照片往往具有恰当的构图，能够使画面元素有序地组织在一起。利用摄影构图法则（如三分法则、对称等）有助于创作出视觉上令人愉悦的作品。

（3）光影

光影是摄影的灵魂。好照片能够充分利用光影，创造出富有层次感和动态感的画面，使作品更具生命力。

（4）色彩

色彩对于照片的视觉冲击力和情感表达至关重要。好照片往往具有恰当的色彩平衡和饱和度，画面既不会过于单调，也不会过于浮夸。

（5）技术

虽然技术并非决定照片好坏的唯一标准，但良好的拍摄技巧和后期处理能力可以使照片更加精致，提高其艺术价值。例如，清晰的焦点、恰当的曝光、细腻的细节处理等都是好照片的技术特点。

（6）创意与独特性

好照片往往具有独特的视角和创意，能够在众多照片中脱颖而出。摄影师通过自己的想象力和创造力，呈现不同寻常的画面，令观众产生惊艳之感。

基于上述含义，在不同的使用功能和使用场景下，一张好照片的定义又因不同类型的应用需求而异。

从功能性角度来看，好照片应能有效地满足特定目的和需求。不同类型的摄影有不同的特点和要求。

（1）产品摄影

好的产品照片能够清晰地展示产品的外观、细节和特点，让潜在客户对产品有全面的了解。此外，产品照片应具有吸引力，能够激发观众的购买欲望，如图 1-1 所示。

▲ 图 1–1

（2）人像摄影

好的人像照片应能捕捉到被摄对象的个性、情感和特点，同时展示出其最佳状态。此外，人像照片应具有良好的光影、构图和色彩平衡，使画面更具美感，如图 1-2 所示。

▲ 图 1–2

（3）新闻摄影

好的新闻照片需要真实、客观地记录新闻事件，具有很强的时效性，能够客观表现当时的场景。同时，新闻照片应具有较高的故事性和情感指数，引发观众的关注和思考，不需要过度的后期修图，如图 1-3 所示。

▲ 图 1-3

（4）景观摄影

好的景观照片应呈现出自然或人造景观的美感和氛围，具有较强的视觉冲击力。此外，景观照片需要有恰当的构图、光影和色彩，以使画面更具吸引力，如图 1-4 所示。

▲ 图 1-4

（5）商业摄影

好的商业照片应能有效地传达广告或营销信息，吸引潜在客户的注意。商业照片需要有专业性、创意性和良好的视觉效果，以实现特定的商业目标，如图 1-5 所示。

▲ 图 1–5

在评价照片时，除了“好看”，还需要结合照片的功能性、主题和目的来进行综合评价。这样的评价方法既可以帮助我们更好地了解不同类型摄影的特点和要求，也可以提高我们创作和评价照片的水平，使我们通过对各种摄影类型的研究和实践，更好地提高审美能力。具体的评价内容如表 1-1 所示。

表 1-1

评价角度	评价内容
广义角度	主题与目的
	美学标准
	技术水平
	创意与个性
	情感共鸣
	社会价值
	艺术价值

续表

评价角度	评价内容
功能性角度	清晰、完整地展现产品外观
	凸显产品的特点和优势
	制作简洁、直观的宣传材料
	传达品牌的形象和理念
	引导消费者产生购买欲和信任感

1.2 RAW 文件

现在的数码相机支持用户设置和选择图像的存储格式，如 JPEG 和 RAW，以及选择存储尺寸的大小。相机设置如图 1-6 所示。

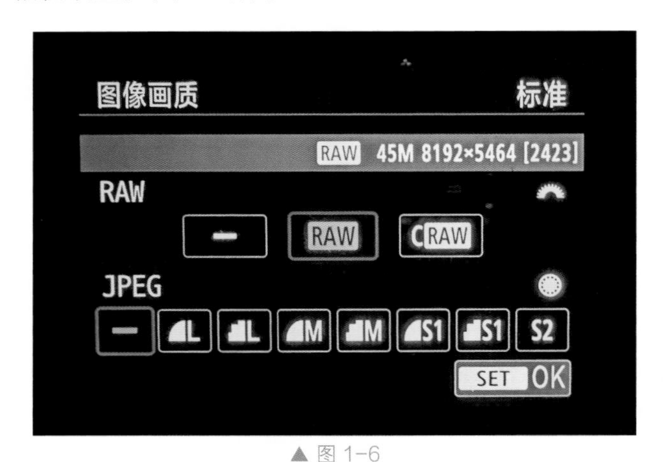

▲ 图 1-6

1.2.1 RAW 与 CRAW 的区别

在图 1-6 中可以看到 RAW 和 CRAW 两种格式，两者的主要区别在于文件大小和压缩方式。

（1）文件大小

RAW 文件通常比 CRAW 文件大，因为 RAW 文件保存了更多的数据。这意味着 RAW 文件在后期处理时可以提供更多的调整空间，但同时也占用更多的存储空间。

（2）压缩方式

CRAW 文件（也称压缩 RAW 文件）是一种经过有损压缩的 RAW 文件，该文件占用的空间较小。这种压缩会导致某些数据丢失，但通常在视觉上看不出明显的区别。CRAW 文件可以在不牺牲太多画质的情况下节省存储空间和提高存储效率。

RAW 和 CRAW 文件的选择取决于对画质的要求和存储空间的大小。如果需要高质量的图像和较高的后期处理灵活性，那么 RAW 文件是更好的选择；如果希望在保留一定画质的同时节省存储空间，那么 CRAW 文件可能更适合，可以根据自己的需求做选择。

图 1-7 所示为一张 CRAW 格式的巧克力蛋糕的照片，在进行整体提亮后布满噪点。

▲ 图 1-7

> 小贴士
>
> RAW 只是一类文件的统称，其扩展名和文件后缀名在每个相机中都不太一样，比如佳能的 RAW 文件扩展名有 .CRW/.CR2/.CR3，尼康的 RAW 文件扩展名是 .NEF，索尼的 RAW 文件扩展名是 .ARW 等。
>
> JPG 格式的图像体积小、容性广，而且是 Web 的标准文件格式。JPG 文件之所以小，是因为有一部分数据被压缩和遗失，这就决定了 JPG 文件会损失照片的大量细节。例如，在 JPG 照片的暗黑部分中，只有一团暗黑，没有暗部细节。

1.2.2　为什么选择 RAW

RAW 文件是未经处理而直接从 CCD 或 CMOS 上得到的，摄影师能得到更丰富的照片信息，并最大限度地发挥自己的艺术才华来进行后期处理。

设置 RAW 文件进行存储，即便拍摄漆黑一团的地方，也能通过后期提亮得到丰富的暗部细节，且不会损失图像质量。

图 1-8 所示为一张黑底番茄的照片，在自然光线下拍摄，主体半明半暗。

▲ 图 1-8

原照已经具有一定的氛围和意境，而在进一步的后期处理中，提亮照片的暗部，可以看出暗部细节都被保留了下来，整个番茄从阴影中“脱颖而出”，照片变成了和之前截然不同的风格，如图 1-9 所示。后期处理提供了更多的可能性。

▲ 图 1-9

这就是建议大家都使用 RAW 格式的原因，因为它能提供更大的后期发挥空间。在完成后期处理后，导出 JPG 或者其他格式的文件，以满足不同的应用需求。

1.3 摄影的种类

最早的摄影可能仅仅用于记录，然而任何与画面和创作相关的门类，最终都有可能发展为艺术。随着时代的发展，摄影也细分出了越来越多的种类。

摄影的种类包括但不限于风光摄影、人像摄影、静物摄影、街头摄影、自然花鸟类摄影等。随着科技的进步和市场的细分，每个种类的摄影都有对应的门槛，比如设备、用光方式，以及后期修图都大有不同。

摄影不只是艺术审美的表达，它兼具功能性。通过上文，我们知道摄影分为不同的种类，不同种类的摄影是为人们的不同需求服务的，当然，搞怪或者纯粹的创意设计表达除外。

接下来结合以下两个方面，从后期的角度解析几个摄影种类。

- 是记录需求还是创意需求。
- 是技术需求还是审美需求。

1.3.1 风光摄影

风光摄影，顾名思义，是表现自然景观的摄影种类。地球上的高山大河、壮丽奇景都可以作为风光摄影的题材，即以天地为幕，以山河为物，以太阳为光。在这种题材中，人造光是无用的，只能使用自然光，同一景象在不同季节、天气，甚至一天中的不同时段都会展现不同的视觉效果。摄影师就是这种美丽景象的追寻者和记录者。

有些风光，只有险峰能观；有些星空，只有极地的雪夜可见。在恶劣的天气中，巨大而危险的闪电或者龙卷风都会成为震撼心灵的奇观。由于只能利用自然光，因此在选定拍摄地点、确定构图后，摄影师往往需要经历漫长的等待，等待合适的光出现，从而完成拍摄。这就要求摄影师具备良好的摄影技术和审美，以及良好的身体素质，这样才能扛着沉重的摄影器材跋山涉水、追随光影，找到最壮丽的景色并记录下来。

风光摄影的一部分功能是记录，同时兼具创意、审美和技术。它记录的是真实的景观，通过构图、拍摄角度、对光线的理解，以及后期修图，营造出独具一格的美丽画卷。图 1-10 所示为宁波草甸。

图 1-11 为图 1-10 的原照，其拍摄时间是 10 月份，夏末秋初，草的大部分还是绿色，小部分已经泛黄。而这种空旷的感觉很适合营造草地全部枯黄的空寂感，并且照片中没有任何显示季节或时间的信息，因此将草后期处理成黄色是完全没问题的。如果照片中有信息显示此时为夏季，比如很多穿夏季服装的人，则不太适合这种后期处理。图 1-10 中的飞鸟也是后期加上的，有助于营造出空间感和故事感。

▲ 图 1-10

▲ 图 1-11

加上飞鸟并不是“照骗”，而是场景中有非常多的鸟，有些照片拍到了，有些照片没有拍到。有些照片中鸟的形态好看且数量适中，但有些照片中鸟的形态不好。在做后期处理时要优先选择风景构图好的，鸟只是点缀，可以选择自己喜欢的鸟并通过后期将其加入选择的照片里，如图 1-12 所示。

▲ 图 1-12

知名景观、标志性建筑或者人们熟悉的旅游胜地不太适合过于夸张和失真的后期修图方式。例如，拍摄贵州的青岩古镇，爬到城墙顶峰，即可一观整个城镇的景观，有山、有水、有人家，如图 1-13 所示。对同一个场景可以尝试不同的构图，也可以尝试不同色调的后期修饰。

▲ 图 1-13

在图 1-14 中，贵州青岩古镇炊烟袅袅，天空与山脉连接，村庄挤挤挨挨地藏在水边和树林中，是一幅非常美的人间烟火画卷。摄影师可以等待早上或者黄昏，借助不同的光影效果，拍摄百十来张也不在话下。在做后期处理前，挑选出构图和氛围最好的照片，在调色过程中寻找灵感，冷色调清爽、干净，在这里暖色调似乎更适合。

（a）

（b）

▲ 图 1-14

1.3.2　静物摄影

静物摄影是一个比较大的摄影种类，包括比较商业的产品摄影（包括但不限于美食、器物、家居产品等），日常的美食摄影、家居摄影、潮玩摄影等。

日常拍摄对于照片质量、主体表现没有那么多的约束，一切以摄影师的审美和创意优先，灵活度较高，摄影师可以根据自己的喜好随意发挥。

对于图 1-15 中的玫瑰花，为了保留清爽、单一的粉色，在调色过程中去掉了很多色源，虽然后期损失了不少画质，但是整体表达是美的。

（a）

（b）

▲ 图 1-15

由于客户需要利用照片实现特定的商业目标，所以商业摄影对于照片的清晰度和画面质量有很高的要求。光的运用和拍摄质量的精度都是非常重要的，这决定了后期修图的出图质量，因为后期只有在原照质量足够高的情况下才能发挥作用。

前期工作都是为后期服务的，因为任何后期操作都是以损失画面质量为代价的。简单的后期操作能保留尽量多的画质，在画质好的前提下，摄影师就能进行更多的创作。

1.3.3　街头摄影

街头摄影，顾名思义，是在街上进行摄影创作，拍的是街景、城市风光、人生百态。

街头是世俗的舞台和社会的窗口，在街上走一走就非常容易出片。街头摄影没有那么多的约束，无论风格精致、幽默还是写实，都需要一双善于发现的眼睛，不要犹豫，抓住当下那个瞬间。

街头摄影的拍摄对象可以是街道，如图 1-16 所示。

▲ 图 1-16

街头摄影的对象可以是车水马龙，如图 1-17 所示。

▲ 图 1-17

街头摄影的对象可以是民生一角，如图 1-18 所示。

▲ 图 1-18

街头摄影的对象可以是烟火气，如图 1-19 所示。

▲ 图 1-19

街头摄影的对象可以是花，如图 1-20 所示。

▲ 图 1-20

对于街头摄影，创意和审美表达优先于技术和记录需求，后期也无限制，摄影师可以按照喜好随手拍摄。

图 1-21 中的天空很蓝，楼是红色的，二者产出了撞色感。从后期的角度来看，这张照片都是大色块，因此后期处理的空间非常大，颜色可以任意调整，可以选择让天空更蓝，让楼的红色更饱和，甚至可以用 Photoshop 在窗口加朵云，显得楼更加“高耸入云”。

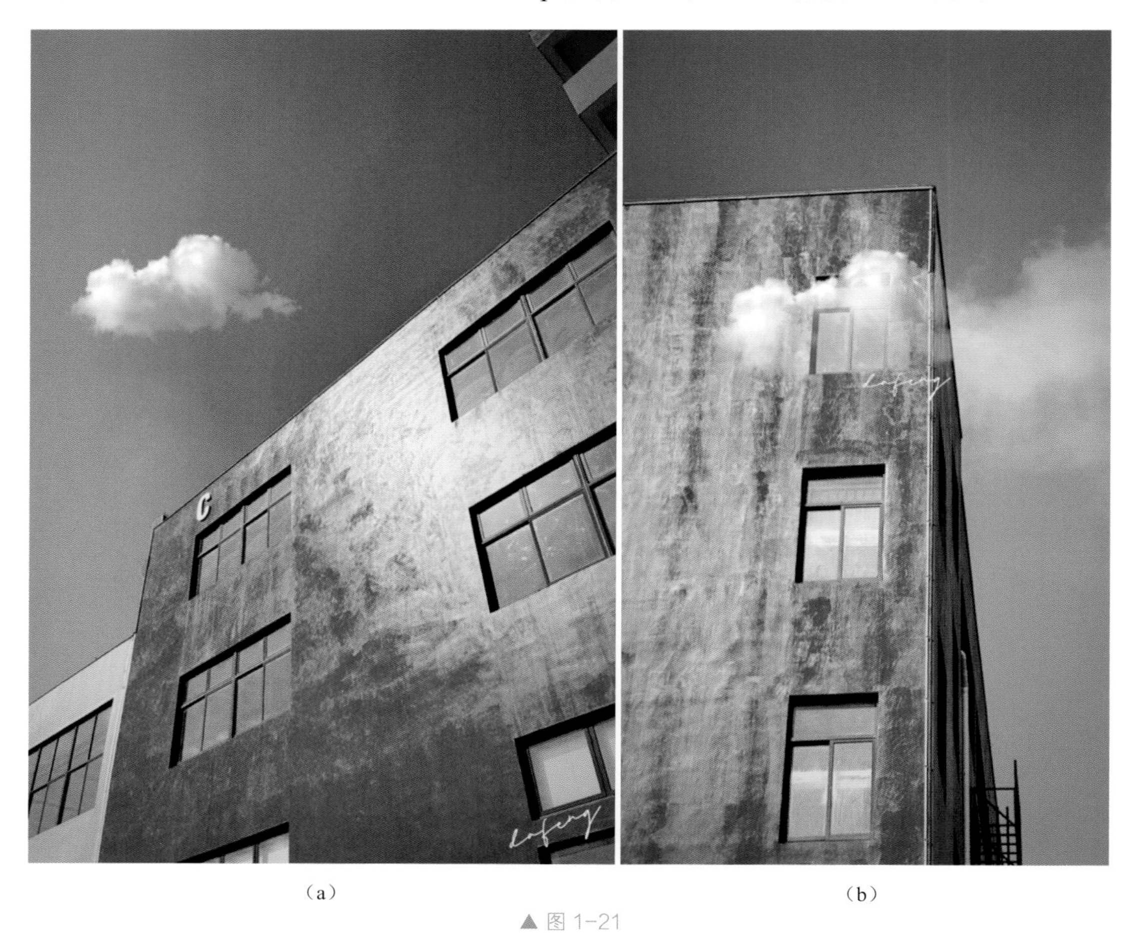

（a）　　（b）

▲ 图 1-21

图 1-22 中的楼很普通。因此在进行调色练习的时候，可以往夸张的方向调整，将楼调成粉色，如图 1-23 所示。

发挥创意，探索所有可能，就像荒木经惟所说，“所谓摄影，描述的既不是真实，也不是现实，更不是事实，而是一种切实。”

▲ 图 1-22

▲ 图 1-23

1.3.4　自然花鸟类摄影

自然花鸟类摄影不只包含花和鸟，也包括昆虫和其他野生动物。

抓拍自然界的小动物最需要眼明手快，没有时间留给摄影师慢慢找角度、构图或者设置参数，很多时候都是靠“运气”。如果因为怕损失画质或者过于追求完美而错失了拍摄的瞬间就太可惜了。将平时虽然随处可见，但是在生活中经常被忽视或者很难近距离观察到的景象送到观众眼前，本来就有着非凡的意义，如果将其与美感融合，则会创造出更有意义的艺术。

图 1-24 中的蜜蜂是在户外偶然拍摄到的，蜜蜂在蓝莓花上采蜜。当时使用的镜头是广角镜头，虽然不适合拍摄小昆虫，但是也不能用微距镜头，因为靠得太近会把蜜蜂吓跑，而好景不等人。

▲ 图 1-24

在做后期处理的时候，为了突出蜜蜂的主体，只能将照片裁剪，而且是大范围裁剪，如图 1-25 所示。

▲ 图 1-25

裁剪后如图 1-26 所示。

▲ 图 1-26

出门旅游时建议带个轻便的、带广角镜头的小相机，这类相机适合街拍摄影，但不适合拍摄小昆虫。蜗牛吃花如图 1-27 所示。

▲ 图 1-27

自然花鸟类摄影虽然有门槛，但并不妨碍我们不断去尝试。不要因为携带的镜头不适合拍这个类型的照片就完全放弃尝试，美的价值远大于适不适合，能靠后期解决的问题都不是问题。

1.3.5 人像摄影

这里说的人像摄影是指完全以人物为主要创作对象的摄影形式，以刻画人物主体的具体相貌、神态和特点为主，不管是儿童、青少年、成人还是老人，人都是唯一的主角。

镜头前的人不管是专业模特，还是无名的普通人，都有他（她）独特的美，而摄影师需要通过营造氛围或者发现角度，来将他（她）最动人的时刻记录下来，如图 1-28 所示。

▲ 图 1-28

带有情绪表达的人像摄影如图 1-29 所示。

▲ 图 1-29

故事感的表达会让画面更有意义。影像是静态的，但人物是动态的。动态的人物表达了情绪，摄影师要找到最生动的一刻，抓拍下来，如图 1-30 所示。

▲ 图 1-30

以上总结了 5 个主要的摄影种类，但这并不是全部。希望大家在技巧和创意、记录和审美间找到自己的平衡，构筑自己的结构，打破传统，掌握后期。

1.4 色彩

色彩是物体在光照的作用下，通过人眼感知并在大脑中产生的一种视觉效果。色彩的本质是光，是光谱中各种波长光的混合。色彩的感知取决于物体表面对光的吸收、反射和散射特性，以及观察者的视觉系统。

色彩主要由 3 个属性来描述：色相、饱和度和明度。色相表示颜色的基本属性，如红色、蓝色、绿色等；饱和度表示色彩的纯度，即色彩中的灰度成分；明度表示色彩的亮度，即色彩的明暗度。

在摄影和设计中，色彩是一种强大的视觉元素，可以用来传达情感、营造氛围、突出主题和统一风格。摄影师需要不断地学习和探索，以更好地运用色彩这个强大的视觉元素。正如著名摄影师安塞尔·亚当斯所说，“摄影，是用光和影子来绘画的艺术。”色彩则是这幅画中闪烁的光辉，令人陶醉不已。

色彩在摄影中的运用如表 1-2 所示。

表 1-2

色彩在摄影中的运用	说明
色彩构成：平衡、对比和和谐	精心安排画面中的色彩，引导观众视线，强化画面主题和结构
色彩心理学：情感、认知和心理影响	不同的色彩会引发不同的情感和心理反应，摄影师需要了解色彩心理学，表达思想和情感
色彩技巧：光影、色温和后期处理	运用光影、色温调整和后期处理技巧，优化画面色彩，展现理想的视觉效果

1.4.1　认识色相环

三原色指的是不能再分解的 3 种基本的颜色。

在 RGB 模式（色光模式）中，红（R）、绿（G）、蓝（B）就是三原色，是组成该模式的最基本的颜色，所有的颜色都是通过它们混合而成的，如图 1-31 所示。

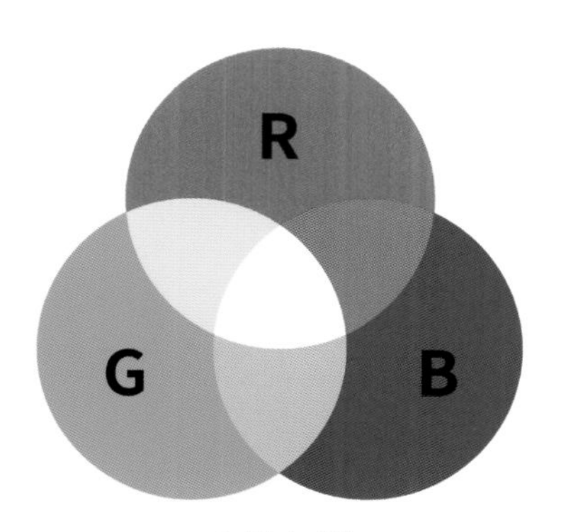

▲ 图 1-31

三原色中心相交合成了白色，白色并不是没有颜色，相反是最多颜色混合而成的色相。这在软件的取色模式中可以看出，白色的色值是 R255、G255、B255，表明纯度最高的红色、蓝色和绿色混合成了白色，如图 1-32 所示。

黑色与白色相反，即没有颜色，R0、G0、B0 表示没有任何颜色，如图 1-33 所示。

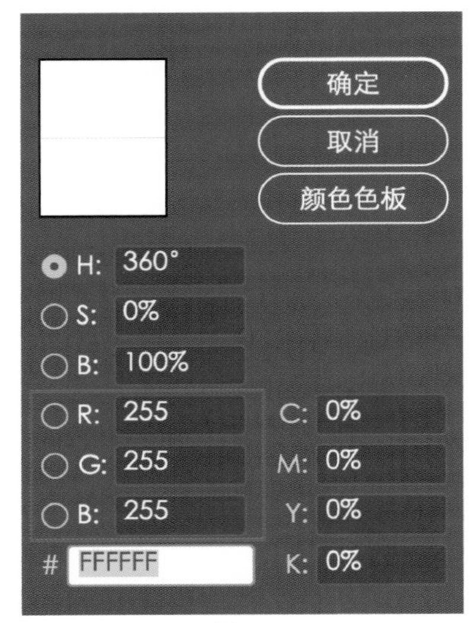

▲ 图 1-32

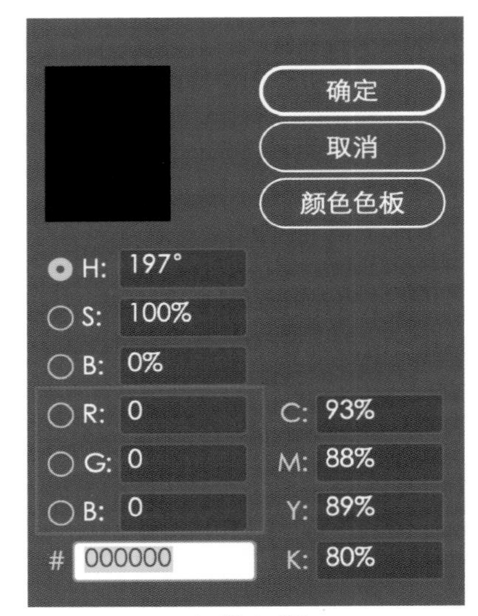

▲ 图 1-33

在 CMYK 模式中，青（C）、品红（M）、黄（Y）是 3 种印刷油墨名称的首字母，如图 1-34 所示。

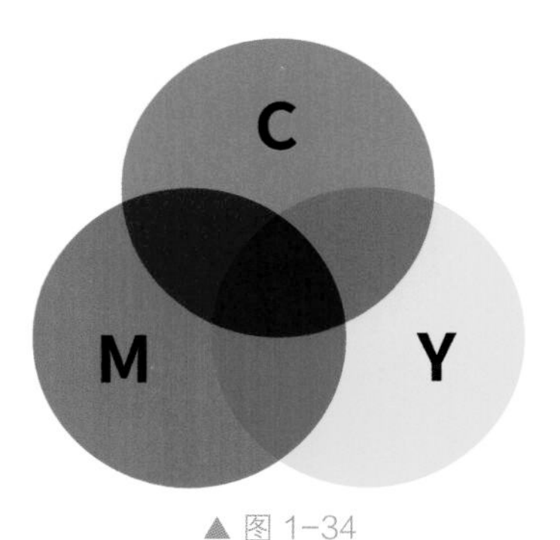

▲ 图 1-34

以上两种模式的色相如图 1-35 所示。

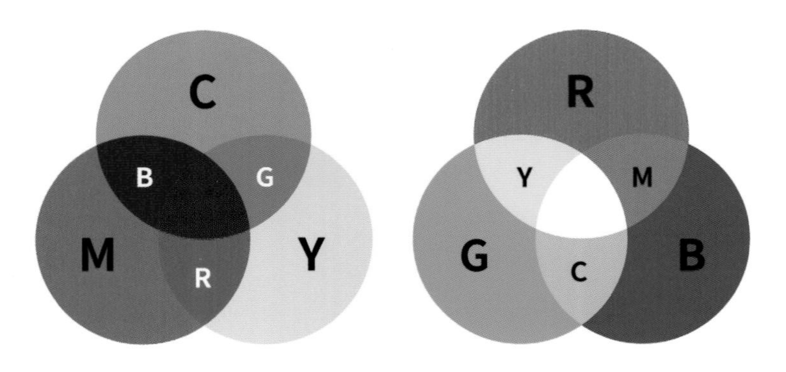

▲ 图 1-35

所有三原色混合成的颜色，首尾相交会连成一个环形，如图 1-36 所示。

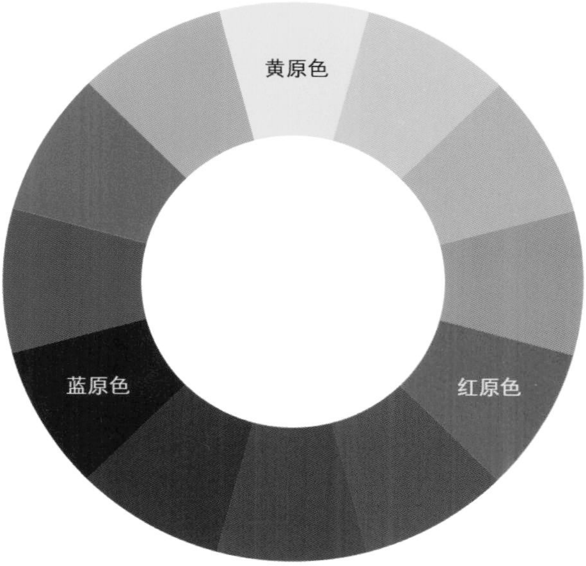

▲ 图 1-36

1.4.2 从色相环中学会调色

在 RGB 色相环中，互补色相加得到了白色，因此又将 RGB 模式称为加色模式。

在 CMYK 色相环中，互补色相加得到了黑色，因此又将 CMYK 模式称为减色模式。

可以得出一些简单的公式：

红 = 品 + 黄

绿 = 黄 + 青

蓝 = 品 + 青

如果想要增加绿色调，则有以下两种方法。

- 增加黄色和青色调。
- 减少红色调。

那么这两种方法有什么区别呢？在调色过程中应该如何选择？

其实我们只要了解一点，即加色模式中颜色越加明度越高，减色模式中颜色越加明度越低。

以一张照片为例，图 1-37 是一张以黄色为主的照片，蝴蝶酥表面的焦黄色是面团中的糖分焦化反应后形成的，烤盘纸是浅浅的橙黄色，但整体偏灰黄色。要想让黄色更暖一些，则需要增加黄色调，有两种方法。

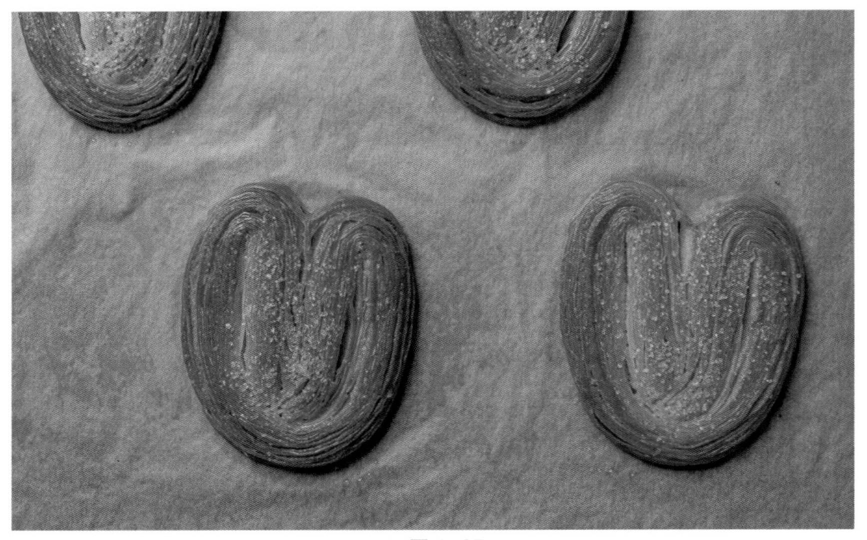

▲ 图 1-37

方法一：增加可以合成黄色的红色和绿色调。

增加红色调，如图 1-38 所示。

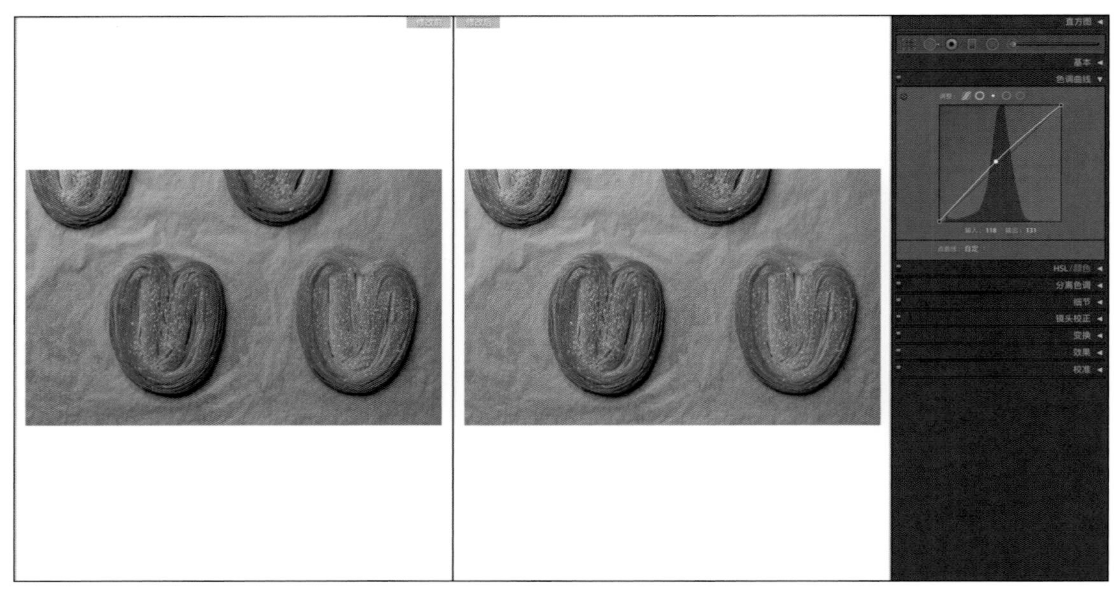

▲ 图 1-38

添加绿色，照片整体就变黄了，如图 1-39 所示。

方法二：减少互补色蓝色调，如图 1-40 所示。

使用这两种方法都能达到让照片变黄的目的，仔细对比两张照片，其实略有区别。左图的明度比右图的明度更高一些，如图 1-41 所示。摄影师可以根据实际情况选择调色方法。

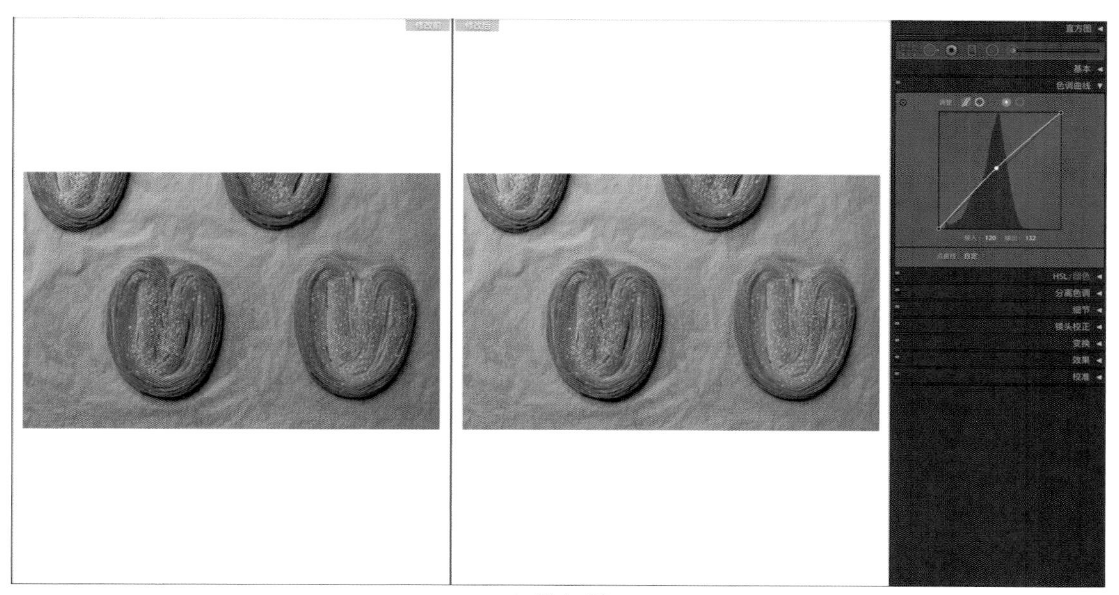

▲ 图 1-39

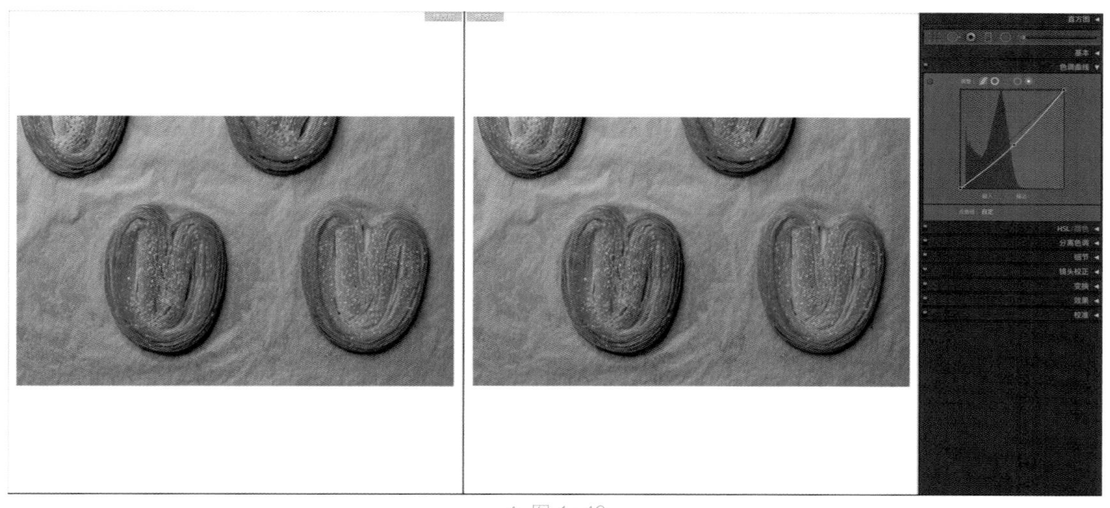

▲ 图 1-40

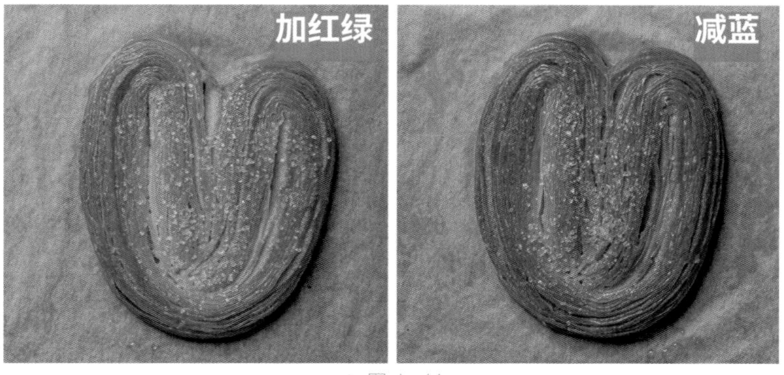

▲ 图 1-41

1.5 色彩与光

当我们看到色彩时，看到的不仅仅是颜色，还包含承载这个颜色的物体的肌理、质感和对环境光的折射与反射。在不同的光影变换下，物体的质感和颜色都会发生变化。

在简单的环境中，同一种红色在不同的背景搭配下，带给人的感觉是不同的，如图 1-42 所示。

（a）（b）（c）（d）

▲ 图 1-42

同一个红色的苹果，在白色的背景下显得明亮又干净，透过画面都能感受到它的清脆和甜美多汁，刺激食欲；在红色的背景下，多了一分时髦，少了一分诱人，满眼的火热更多地表达了一种情绪而非食物本身；在黑色的背景下，整体显得宁静、神秘和高贵；在粉色的背景下，整体显得没有那么和谐。

截取这 4 张照片的苹果局部，吸色进行对比，可以发现在背景反射光的影响下，苹果的颜色发生了变化，如图 1-43 所示。

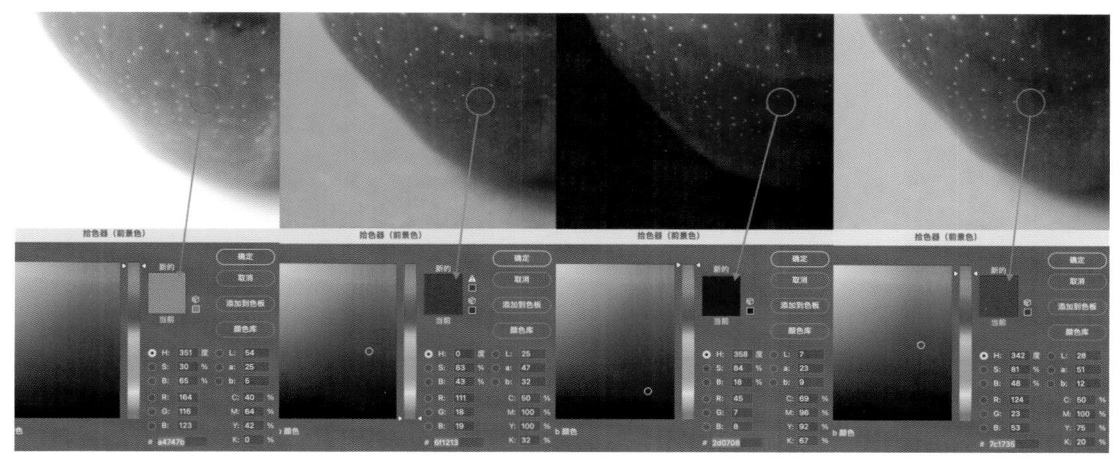

▲ 图 1-43

在比较复杂的拍摄环境下，这个苹果的色彩变化会更丰富，周边的装饰、墙面、摆设等环境因素对光的反射也会更复杂。

1.5.1　暖光

在暖光下，苹果的红呈现暖红，这样的红色偏橘，在不同的光影下，明暗也有明显的变化。在侧光下，可见光照的面积较大，可以比较好地表现苹果的色彩，强光则比柔光的亮度更高、更显色，如图 1-44 ～图 1-46 所示。

（1）柔侧光

▲ 图 1-44

（2）柔逆光

▲ 图 1-45

（3）强侧光

▲ 图 1-46

1.5.2　冷光

在冷光下，苹果的红偏向蓝紫冷调，在不同的光影下，明暗也会发生明显的变化。在侧光下，可见光照面积较大，可以比较好地表现苹果的色彩，强光比柔光更显色，但阴影轮廓更明显，如图 1-47 ～图 1-49 所示。

（1）柔侧光

▲ 图 1-47

（2）柔逆光

▲ 图 1-48

（3）强侧光

▲ 图 1-49

放大苹果的局部特写，可以发现在复杂直射和反射光的影响下，苹果的每个角度和部位的颜色都发生了变化，如图 1-50 所示。

▲ 图 1-50

除了直射光的直接影响，在不同的环境和氛围中，周边的物体的反射光也会对苹果的色彩造成不同的影响。

在自然光的光线下，将物体放置于光线较好的窗台边拍摄，不同朝向的窗的光线各有不同，同一个窗台在早、中、晚时间段的光也各有不同。在一天中的不同时段、不同地点拍摄，被拍摄的场景和物体都会呈现不同的色彩感受，拍摄的照片也就各不相同。

熟知物体在不同光影下颜色的变化，才能更有效地做好前期拍摄，也能更有效地进行后期处理，进而在学习色彩的时候，在脑海中形成画面，更好地理解理论的真实含义，从而融会贯通。

1.5.3　构建色彩的光影关系

观察和了解在不同光线下色彩产生的不同变化，就能知道在拍摄时需要什么样的光影表现。假设我们需要拍摄一棵自然空间中的绣线菊，它带有白色的小花和绿色的花叶，但是在杂乱的环境中通常很难凸显主体，如图 1-51 所示。

▲ 图 1-51

首先，主体的色彩基本为绿色，很容易被大环境的绿色淹没；其次，阳光很强，整个院子在下午阳光的照射下，有光面也有阴面，且光面和阴面对比强烈；再次，红色为阴影区，是阴暗面，不管是树荫遮蔽还是逆光处，有阴影的地方就是环境的暗面，如图 1-52 所示。

▲ 图 1-52

（1）采用顺光拍摄

采用顺光拍摄绣线菊，如图 1-53 所示。

▲ 图 1-53

在空旷的自然环境中，大范围的顺光能将主体的前景与背景全部照亮。虽然对背景进行了虚化，但杂乱的背景色彩依然一览无余，这些多余的色彩会干扰主体。此外，下午强烈的光照形成了极大的光比，亮的地方极亮，暗的地方纯黑，视觉上非常不舒服，如图 1-54 所示。

▲ 图 1-54

要想凸显主体并弱化背景，在选择拍摄角度的时候，需要将院子里的阴暗面作为背景，并且将绣线菊放到可以遮盖一部分光线的树荫下，这样就能最大限度地弱化背景，如图 1-55 所示。

▲ 图 1-55

弱化强光照射，从而凸显整体前景，并减小光比对物体色彩表现的影响，如图 1-56 所示。

▲ 图 1-56

（2）采用逆光拍摄

采用逆光拍摄绣线菊，如图 1-57 所示。

在逆光拍摄下，整个画面非常干净，观众的视线被绣线菊抓住，边缘透光的叶片呈现淡淡的明黄，表现出阳光的温暖，如图 1-58 所示。

▲ 图 1-57

▲ 图 1-58

在阴天或太阳落山后进行拍摄，此时光线较弱，光亮的对比没有那么强烈，不管用何种角度拍摄，前景和后景的光感都会比较平衡，搭配更加柔和。绣线菊不会在强光照射下过度曝光，叶片的绿色也能得到真实的展现，主体的色彩被最大地还原，没有多余的元素干扰画面，如图 1-59 所示。

以上两组照片是在同一个环境、不同光影下拍摄的，各有各的美感，没有优劣之分。

学会观察，感知物体在强光和柔光下不同的色彩表现力。这些表现力传达了不同的情感，这就是作品独有的魅力。

（a） （b）

（c） （d）

▲ 图 1-59

当真正掌握观察感知事物的方法时，就能根据自己的需求来表现色彩了，让技巧为想象力服务，生成属于你自己的作品语言。

1.6 配色法则

一个场景中不可能只有单一的色彩，因此色彩搭配是色彩美学中的重点。

色彩搭配主要分为两种。

（1）彩色系

蓝、黄均与一部分红相接，最终形成闭环。蓝与红之间过渡的是紫，黄与红之间过渡的是橙。

（2）灰色系

灰色系是脱离于彩色系的灰色地带，也就是俗称的灰白黑色系。

1.6.1 灰色系搭配

灰色系搭配是非常经典的配色，如黑与白、灰与白、黑与灰、深灰与浅灰等，整体给人大方庄重、高雅素净之感，如图 1-60 所示。如果不会调色，则使用黑白调也能表现高级感。

（a）　（b）

（c）　（d）

▲ 图 1-60

1.6.2　灰色系 + 彩色系搭配

灰色系 + 彩色系搭配也是非常经典的配色，如黑与黄、灰与蓝、白与红等，效果高级而富有现代感。美食摄影采用灰色系 + 彩色系搭配，可以更加凸显食物颜色；风景摄影采用这类搭配会更具有现代感，即便拍摄老建筑，也能带来不一样的明快感受，如图 1-61 所示。

（a）

（b）

（c）

（d）

▲ 图 1-61

1.6.3 同色系搭配

同色系搭配可以理解为渐变色搭配，如深红与浅红，墨绿、绿与粉绿，紫与粉红等，给人以雅致含蓄、清爽统一的感觉，如图 1-62 所示。

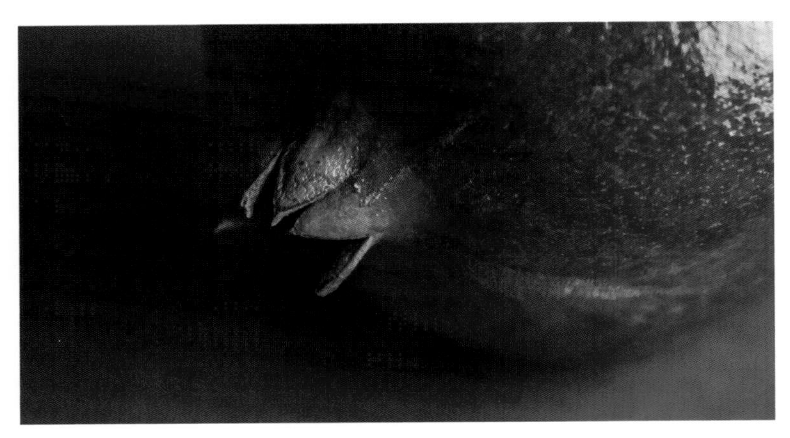

（a）

（b）

（c）

▲ 图 1-62

1.6.4 相邻色系搭配

相邻色系搭配如橙与棕、绿与黄、蓝与紫、紫与红等，给人以明快活泼、饱满醒目的感觉。这种搭配的色彩、色系统一，即便是很纷杂的环境，也能带来浓郁的故事感，不会显得杂乱无章，如图 1-63 所示。

（a）

（b）

（c）

（d）

▲ 图 1-63

1.6.5 对比色系搭配

对比色系是非常有视觉冲击力的配色，如红与绿、黄与紫、黑与白等，给人以强烈醒目、丰富有力、时尚前卫的感觉。对比强烈的黄蓝色调和青红色调是很常用的风景街拍调色方案，如图 1-64 所示。

（a）

（b）

▲ 图 1-64

（c）

▲ 图 1-64（续）

一幅画面中的主体色系不要超过 3 种。这里的 3 种色系不是指深浅不一的 3 种红色，而是指不同的色系，如红、紫、绿、黄，除非你是用色高手，否则还是先从简单的做起。

了解一些方法和规则的目的是更好地感知色彩的魅力，而不是照本宣科，要在生活中进一步发现和感悟。大胆地发挥你的创造力吧！

1.7 影调

光营造了色彩，色彩塑造了形体。影调潜藏韵律，影调风格诉说心情。

1.7.1　什么是影调

在黑白摄影中，丰富多彩的颜色被简化为黑、白、灰 3 个色级，色相和饱和度的特性就消失了，仅剩下亮度。因此，在黑白照片中，不同的亮度会以相应的黑、白、灰色级展现，形成独特的明暗层次，这种明暗基调被称为影调，即光与影共同塑造的画面亮度的总体趋势。

影调可以强调物体的形状和质感，同时向观众传达一定的情感。通过合理运用影调，摄影师可以在照片中展现更多的层次感和深度，呈现出引人入胜的视觉效果。

影调不仅反映了物体的结构和光线效果，还表现了摄影师的创作意图和技巧运用。光线组成、拍摄角度和取景范围的选择都会对影调的形成产生直接影响。例如，逆光拍摄可以强调物体的轮廓，使画面更具立体感；侧光可以描绘出丰富的明暗变化，强化画面的质感；顶光和底光可以营造出戏剧性的效果。

根据画面的亮度和对比度，影调可以被划分为多种类型。从明暗的角度划分，影调可以分为亮调、暗调、中间调；从对比度的角度划分，影调可以分为硬调、软调和中间调。这些类型可以互相组合，如亮调与高对比的硬调结合，暗调与低对比的软调结合等，从而有了更多的画面表现，使画面更富有层次感和视觉吸引力，为观众带来更加丰富的审美体验。

1.7.2 亮调硬调

亮调硬调的特点是明亮的部分占据主体地位，同时具有较高的对比度。这种影调能表现出强烈的视觉冲击力，使画面更具活力和现代感，适用于强调明亮、清新或强烈情感的场景，如图 1-65 所示。

▲ 图 1-65

1.7.3 亮调软调

亮调软调以明亮部分为主，但对比度较低。这种影调给人一种温和、舒适的感觉，适用于轻松、愉快或柔美的场景，如图 1-66 所示。

▲ 图 1-66

1.7.4　中间调硬调

中间调硬调明暗分布均匀，且对比度较高，适用于表现具有复杂层次和丰富细节的画面，能够凸显物体的质感和结构，如图 1-67 所示。

▲ 图 1-67

1.7.5 中间调软调

▲ 图 1-68

中间调软调明暗分布均匀，但对比度较低。这种影调呈现出一种平和、中庸的氛围，适用于描绘平静、安详的场景，如图 1-68 所示。

1.7.6 暗调硬调

暗调硬调以暗部为主，且对比度较高。这种影调具有神秘、悬疑的氛围，适用于黑暗、紧张或恐怖的场景，如图 1-69 所示。

▲ 图 1-69

1.7.7　暗调软调

暗调软调的特点是暗部占主体地位，但对比度较低。这种影调给人一种朦胧、幽静的感觉，适用于夜晚、宁静或梦幻的场景，如图 1-70 所示。

▲ 图 1-70

摄影师可以根据创意和拍摄主题对这些影调进行灵活的组合和运用，从而实现多样化的画面表现。

第2章 后期技术养成

2.1 认识 Lightroom

后期修图离不开软件。对摄影师来说，修图软件不仅是一个强大的工具，更是一种艺术表现手段。它不仅是一种实用工具，更是创作过程的延伸和完善。修图软件具有以下作用。

（1）修复瑕疵并提升画面质量

修图软件可以帮助摄影师对照片的色彩、明暗和对比度等进行调整，从而提高画面的整体质量，使作品更符合创意和审美要求。在拍摄过程中，照片可能出现曝光不足、色差等问题，修图软件可以帮助摄影师修复这些瑕疵，让作品更加完美。

（2）更大程度地发挥创意

修图软件为摄影师提供了广泛的创意空间，通过各种滤镜、特效和图层等功能，摄影师可以发挥无限的想象力，创作出独特且具有个性的作品。

（3）提高拍摄效率和水平

修图软件的学习和使用，可以帮助摄影师提高拍摄水平，在可预见的后期技术范畴内调整或改进前期的拍摄计划。

随着技术的不断进步，掌握后期修图技能对摄影师来说变得越来越重要。修图软件不仅为摄影师提供了创作和完善作品的手段，还有助于提高摄影师的拍摄水平和职业素养。

2.1.1 选择合适的修图软件

在开始学习后期修图时，如何选择合适的修图软件就显得极为重要。修图软件的功能、便捷性等都是需要考虑的。

1. 各个修图软件的优缺点

现如今市场上有大量的修图软件，此处仅列举一些常见的修图软件。

（1）Adobe Photoshop

优点：功能强大，行业标准，支持多种插件和扩展，适用于专业级别的图像处理。

缺点：学习曲线较为陡峭，价格较高（需要订阅 Adobe Creative Cloud 套餐）。

（2）Adobe Lightroom

优点：易于使用，专为摄影师设计，适合照片管理和基本调整，非破坏性编辑。

缺点：功能相对有限，对于复杂的图像处理不如 Adobe Photoshop，需要订阅。

（3）Capture One

优点：专业级别的照片编辑和管理软件，具备优秀的 RAW 处理和色彩管理功能。

缺点：价格较高，学习曲线较为陡峭。

（4）GIMP（GNU Image Manipulation Program）

优点：免费开源，功能强大，适用于多种操作系统。

缺点：界面和操作逻辑与 Adobe Photoshop 有较大差异，学习曲线较为陡峭。

（5）Affinity Photo

优点：功能强大，价格合理（一次性购买），非订阅制，适用于专业摄影师。

缺点：社区和学习资源相对较少，插件和扩展支持不如 Adobe Photoshop 丰富。

（6）Corel Paintshop Pro

优点：功能丰富，易于使用，一次性购买，适合家庭和业余用户。

缺点：功能与 Adobe Photoshop 相比较弱，可能不适用于高级专业照片编辑。

（7）Pixlr

优点：免费在线修图工具，易于使用，适合基本的照片编辑。

缺点：功能有限，不适用于复杂的图像处理。

（8）Snapseed

优点：免费，易于使用，适用于手机平台，适合在移动设备上进行快速的照片调整。

缺点：功能相对有限，不适用于专业级别的图像处理。

（9）美图秀秀

优点：免费，易于使用，集成了大量免费、可商用的素材，且更新速度极快，适用于手机平台，适合在移动设备上进行快速的照片调整。

缺点：功能相对简单，不适用于专业级别的图像处理。

每款修图软件都各有优缺点，功能强大的软件，其学习曲线必然陡峭，但作为摄影师，学习软件功能并灵活应用，是必不可少的。

2. 如何挑选合适的修图软件

在挑选修图软件时需要考虑以下方面。

（1）用途

首先确定需求，是进行简单的调整和修饰，还是复杂的图像处理和创意编辑；再根据需求选择具有对应功能的软件。例如，需要照片调色，Adobe Lightroom 和 Adobe Camera Raw 等软件就很适合；而对于高级编辑和创意设计，Adobe Photoshop、Affinity Photo 等软件是更好的选择。

（2）学习难度和时间

修图软件的难度和学习曲线不同，在选择时要根据自己的技能水平进行评估。初学者可以选择容易上手的软件，如 Adobe Lightroom 和美图秀秀等；有一定基础的读者可以选择功能更强大的软件，如 Adobe Photoshop 和 GIMP 等。

（3）设备兼容性

在选择修图软件时，要确保软件和操作系统与硬件兼容，同时考虑软件是否支持常见的照片格式，特别是 RAW 格式，以便处理各种类型的图像文件。

（4）软件价格

修图软件的价格差异较大，有免费的开源软件，如 GIMP；也有订阅制的商业软件，如 Adobe Creative Cloud。建议在预算范围内选择性价比较高的软件。

（5）更新和支持

一款拥有良好更新和技术支持的软件可以快速解决遇到的问题。随着技术的发展，软件的更新和维护能够确保其功能和兼容性跟上时代的步伐。用户量越大的软件，更新得越快。

（6）社区和学习资源

一款有活跃社区和丰富学习资源的软件有助于用户更快地掌握软件的使用技巧，以及在遇到问题时获得帮助。用户量越大的软件，学习资源越多。

3．Lightroom

一款适合自己的需求、技能水平、预算和硬件环境的修图软件，有助于提高后期处理的效率、发挥创意，从而提高作品的质量。

对笔者个人来说，最常用的后期调色软件是 Adobe Lightroom（以下简称 Lightroom），同时会结合 Adobe Photoshop（以下简称 Photoshop）做进一步的非调色类的后期优化。

Lightroom 是一款非常受欢迎的修图软件，由 Adobe 公司开发，专为摄影师设计，主要用于照片管理、调整和编辑，具有界面简洁、操作直观的特点，能让用户轻松地进行照片的导入、组织、筛选和备份。

Lightroom 具有强大的调整和编辑功能，包括曝光、对比度、饱和度和色调等基本参数的调整，以及裁剪、清晰度、噪点消除等高级编辑功能。此外，它还提供了预设功能，用户可以快速地应用预先设定的调整参数，从而提高后期处理的效率。

与其他修图软件相比，Lightroom 的一个独特优势是非破坏性编辑功能。这意味着在进行编辑和调整时，原始照片文件不会被修改，用户可以随时返回原始状态或进行其他调整，而不用担心损坏原始照片文件。

除了基本的修图功能，Lightroom 还具有以下功能。

（1）支持 RAW 文件

Lightroom 支持各种相机的 RAW 文件，这意味着用户具有更高的编辑灵活性，可以拥有更高的图像质量。

（2）批量处理

Lightroom 允许用户同时对多张照片进行调整和编辑，大大提高了后期处理的效率。

（3）GPS 坐标和地理标签

Lightroom 支持为照片添加 GPS 坐标和地理标签，方便用户根据地点进行分类和搜索。

（4）无缝整合

Lightroom 与 Adobe 的其他软件，如 Photoshop，可以无缝整合。用户可以先在 Lightroom 中进行初步编辑，再将照片直接导入 Photoshop 做进一步的处理。

（5）云同步

Lightroom 提供云同步功能，用户可以将图库同步到 Adobe Creative Cloud 中，随时随地访问和编辑照片，以及在不同设备之间进行无缝切换。

（6）社区支持

由于 Lightroom 的普及和广泛应用，Lightroom 中有大量的在线资源、教程和社区支持可供用户学习和交流。

Lightroom 是一款功能丰富且实用的修图软件，适合进行高效、专业的照片管理和编辑。

在本书中，笔者将详细讲解 Lightroom 在修图调色方面的使用技巧，使读者掌握这款软件，更好地发挥创意，提高作品质量，从而在摄影领域取得更好的成果。

2.1.2　Lightroom 的功能区

Lightroom 的功能区包括以下模块。

（1）图库

图库模块用于管理、筛选和标记照片，如图 2-1 所示。用户可以在此导入照片，创建文件夹，为照片添加关键词、星级和标签等，以便快速查找和组织照片。

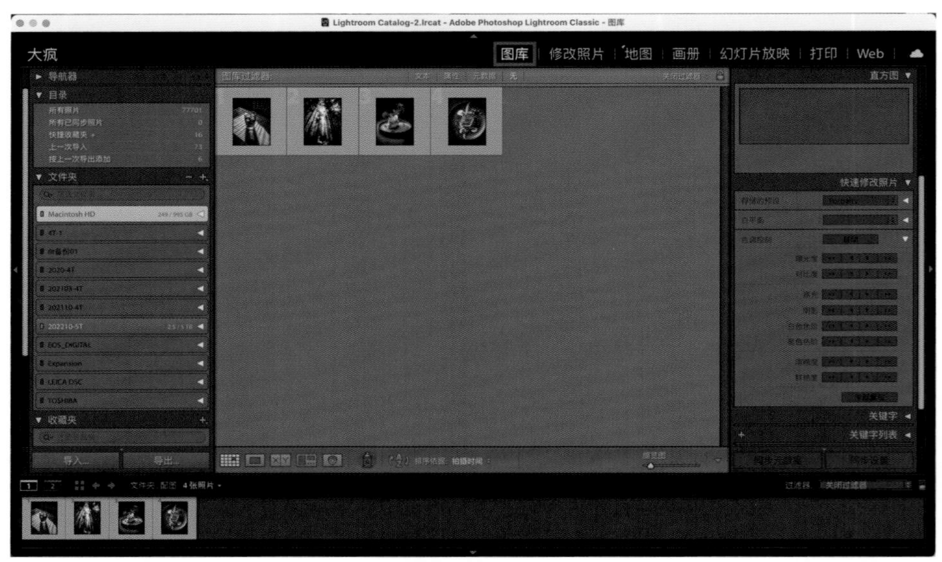

▲ 图 2-1

（2）修改照片

修改照片模块是照片编辑和调整的核心功能区，如图 2-2 所示。它提供了一系列非破坏性的调整工具，包括基本调整（如曝光度、对比度和白平衡等）、色调曲线、HSL / 颜色、分离色调、局部调整工具（如渐变滤镜、径向滤镜和调整画笔）等。此外，用户可以应用预设样式以快速改变照片的风格。

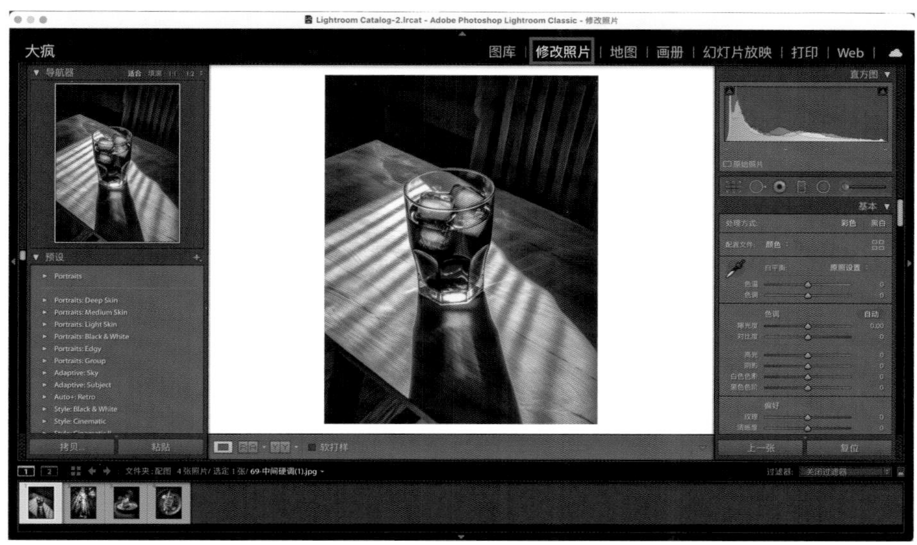

▲ 图 2-2

（3）地图

地图模块允许用户在地图上查看和管理照片的地理位置信息，这在整理旅行照片时非常实用。

（4）画册

画册模块用于创建照片图书或画册，如图 2-3 所示。用户可以选择照片、设计图书布局、添加文字等，最后将作品导出为 PDF 或直接通印成实体画册。

▲ 图 2-3

（5）幻灯片放映

幻灯片放映模块允许用户将选定的照片制作成幻灯片并演示，如图 2-4 所示。用户可以设置过渡效果、播放速度和背景音乐等，最后将幻灯片导出为视频文件或直接进行播放。

▲ 图 2-4

（6）打印

打印模块用于设置照片的打印参数，如打印布局、边距和分辨率等，如图 2-5 所示。用户可以在此预览打印效果，并将照片发送至打印机进行打印。

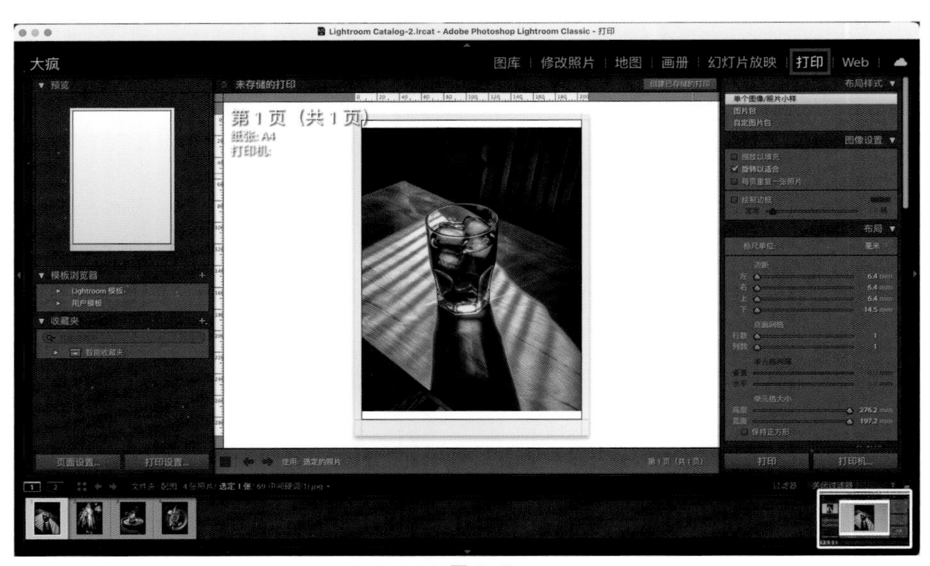

▲ 图 2-5

（7）Web

Web 模块用于创建基于照片的在线相册或网页展示。用户可以选择照片、设置在线相册布局、添加文字等，最后将作品导出为 HTML 文件，以便在网站上分享，如图 2-6 所示。

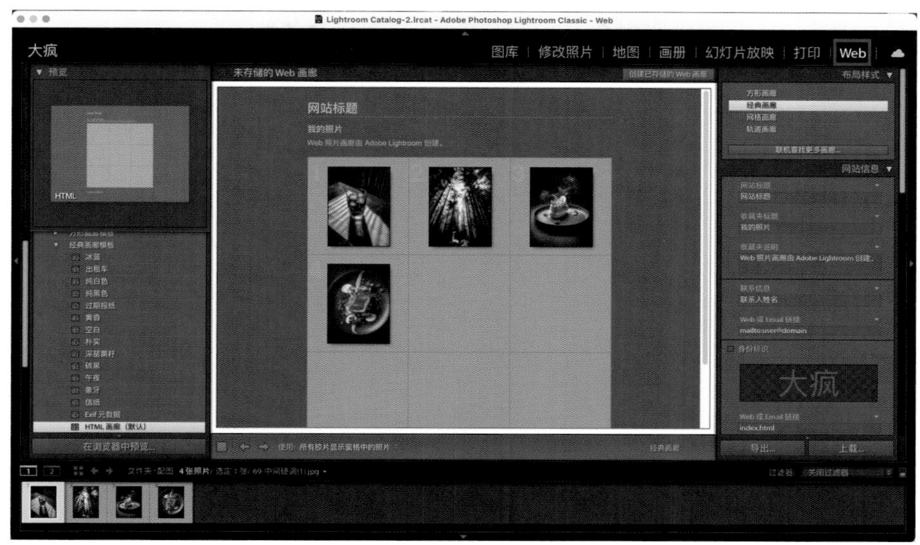

▲ 图 2-6

Lightroom 功能区中的模块相互配合，为用户提供了一站式的照片管理、编辑和分享解决方案。

本章的后续内容主要介绍后期修图所需的功能模块，通过各章节的原理和知识点，使读者详细了解这些功能模块。

Lightroom 中的其他功能对于后期修图的作用不大，读者可以根据自己的需求慢慢探索。

> 小贴士
>
> *在整理图库时，建议按时间和名称建立每个项目的文件夹 / 子文件夹，以便后续管理。*

2.2 读懂一张照片

在修一张照片前，需要先读懂一张照片。我们可以通过使用各种工具和面板来分析照片，直观的数据可以帮助我们更好地理解和评估照片。

2.2.1　直方图

直方图是一种图形表示，用于显示图像中像素亮度和颜色的分布。它是摄影和图像编辑中常用的工具，可以帮助摄影师了解照片的曝光度、对比度和色彩分布。在修图软件和相机中，直方图都是一个重要的工具。

Lightroom 中的直方图比较简单，将红、绿、蓝 3 个通道的直方图用不同的颜色结合在了一起，有助于摄影师了解照片的曝光度、对比度和色彩分布。要查看直方图，请确保软件界面处于修改照片模块，并在屏幕右上方找到直方图面板，如图 2-7 所示。

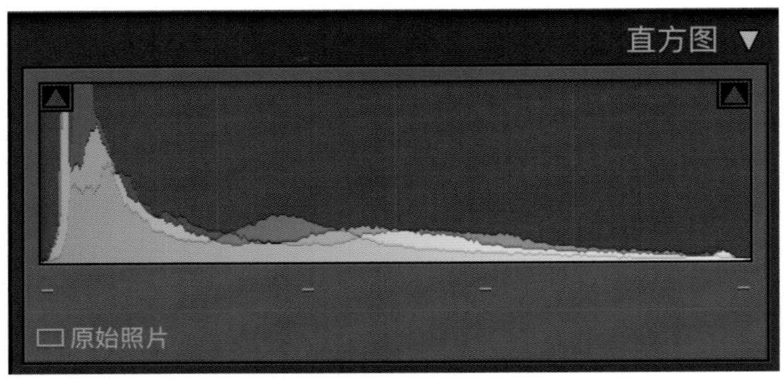

▲ 图 2-7

灰色是 3 个通道重合的部分，黄色是红、绿两个通道重合的部分，青色是蓝、绿两个通道重合的部分，紫红色是红、蓝两个通道重合的部分。

如何通过直方图了解照片的关键信息呢？

（1）曝光度

直方图横坐标表示像素亮度，从左（黑）到右（白）逐渐增加；纵坐标表示相应亮度下像素的数量。直方图偏向左侧表示照片中有较多暗部，可能欠曝；偏向右侧表示照片中有较多亮部，可能过曝。理想的曝光直方图通常是中间部分较高，两侧较低，但这取决于拍摄的主题和创意。

照片亮部过曝，对应的直方图如图 2-8 所示。

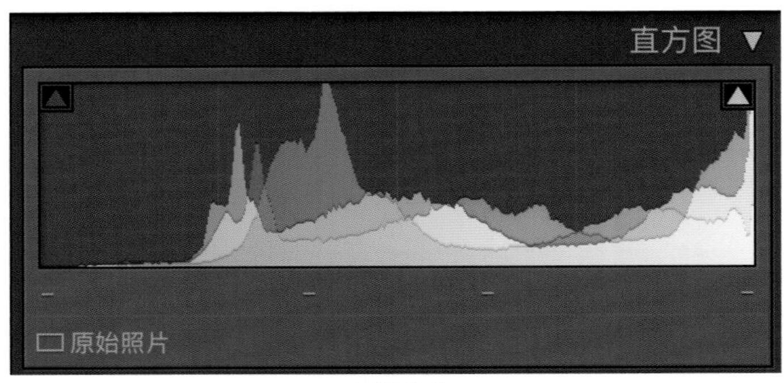

▲ 图 2-8

照片暗部欠曝，对应的直方图如图 2-9 所示。

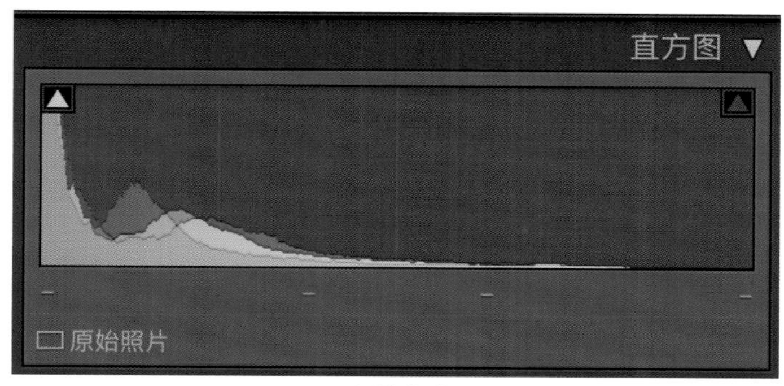

▲ 图 2-9

照片具有理想的曝光，对应的直方图如图 2-10 所示。

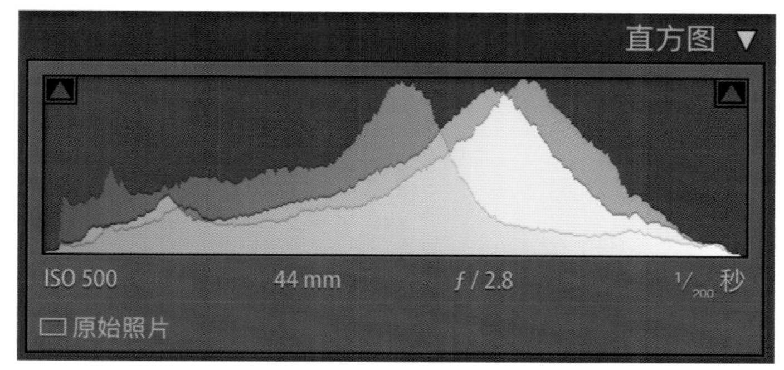

▲ 图 2-10

（2）对比度

直方图的形状可以帮助摄影师了解照片的对比度。如果直方图集中在中间区域，则表示照片的对比度较低；如果直方图在两端有明显的峰值，则表示照片的对比度较高。

照片的对比度较高，对应的直方图如图 2-11 所示。

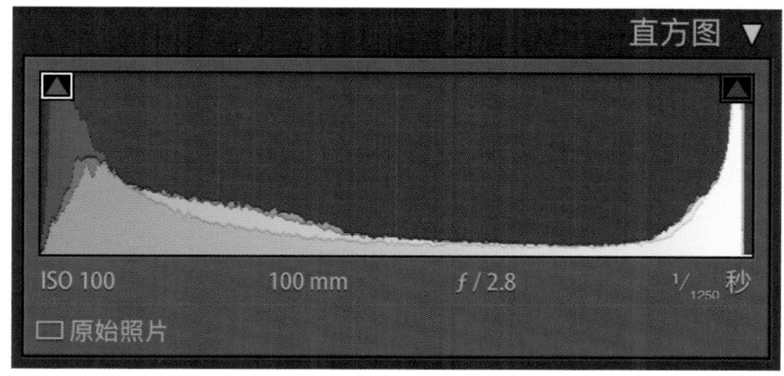

▲ 图 2-11

照片的对比度较低，对应的直方图如图 2-12 所示。

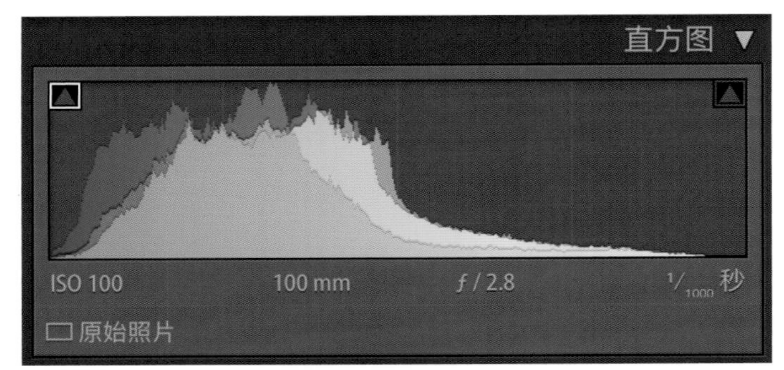

▲ 图 2-12

（3）颜色分布

Lightroom 的直方图还显示了红、绿、蓝 3 个通道的分布情况。通过查看各通道的分布，可以了解照片中颜色的平衡。例如，蓝色通道主要集中在直方图的左侧，表示照片暗部可能偏黄，如图 2-13 所示。

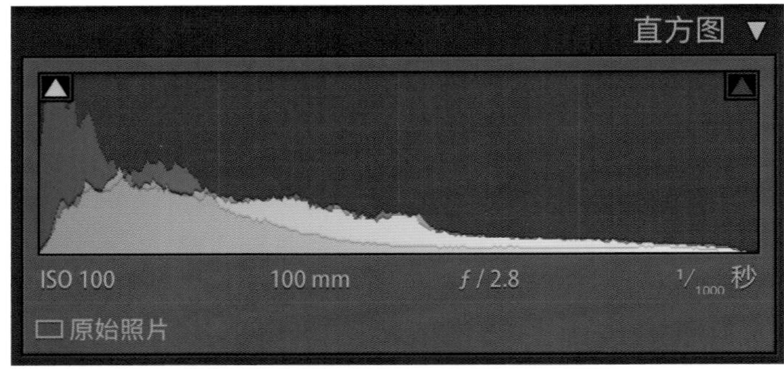

▲ 图 2-13

下面举一个例子，如图 2-14 所示。

▲ 图 2-14

图 2-14 对应的直方图如图 2-15 所示。

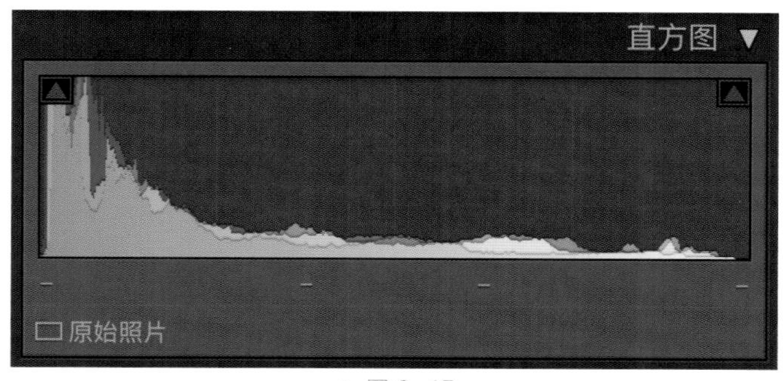

▲ 图 2-15

从直方图中可以看出，照片的暗部或高光细节保留完整、曝光合理、对比度适中，整体上是一张合格的照片。

需要注意的是，虽然直方图是一个有用的工具，但它不能完全代表创意和审美。在使用直方图来调整照片时，请确保根据自己的喜好和需求来做出决策。直方图只是一个更好地理解图像的辅助工具，而不是唯一的指导。

2.2.2　过曝或死黑

过曝或死黑问题确实会影响照片的整体质量，但这并不意味着这张照片就是废图。

直方图的确是摄影中一个很有用的工具，可以帮助摄影师了解照片的亮度分布和曝光情况。然而，过于依赖直方图也可能带来以下问题。

（1）忽略画面内容

过于依赖直方图可能导致摄影师忽略画面的内容、构图和色彩等方面。摄影的本质是捕捉和表达画面中的情感和故事，而不仅是追求完美的技术。因此，在拍摄过程中，摄影师应该将注意力集中在画面本身，而非过于关注直方图。

（2）限制创意表达

过于依赖直方图可能限制摄影师的创意表达。有时候过曝或欠曝的拍摄手法可以营造出特定的氛围和情感。如果过于追求直方图的均衡，则摄影师可能会错过具有独特艺术价值的创意拍摄。

（3）忽略后期调整

过于依赖直方图可能导致摄影师忽略后期调整的重要性。即使在拍摄时直方图显示曝光良好，照片可能仍然需要在色彩和对比度等方面做进一步调整。后期调整是摄影过程中的重要环节，可以弥补拍摄时的不足，为照片增色添彩。过于依赖直方图可能让摄影师产生一种误解，以为照片已经足够完美，而忽略后期调整的价值。

（4）耽误拍摄时机

过于关注直方图可能导致摄影师错过拍摄的最佳时机，如动态场景、瞬间表情等，拍摄时机非常关键。如果摄影师过于关注直方图，则可能会错过这些瞬间。

（5）忽视个人经验

过于依赖直方图可能导致摄影师忽视自己的拍摄经验和直觉。摄影师通常会通过实践和经验形成一种对于光线、场景和色彩的敏感度。如果过于依赖直方图，则可能会降低摄影师对经验和直觉的运用能力，进而影响拍摄效果和质量。

摄影师在使用直方图时，应该同时结合画面内容与自身的经验和直觉，综合考虑拍摄参数，以取得更好的拍摄效果。直方图是一个有用的辅助工具，但不应该成为摄影师做出拍摄决策的决定性依据。

好照片的标准不是直方图可以界定的，即使照片中出现过曝或死黑，也不能说明这绝对是一张废片。

图 2-16 所示的盘子下方的黑色背景与黑暗融为一体，对应的图 2-17 所示的直方图也显示暗部断层，黑色区域已完全丧失细节。然而，这就是摄影师想要营造的氛围，即：弱化背景，提高前景主体的存在感。

▲ 图 2-16

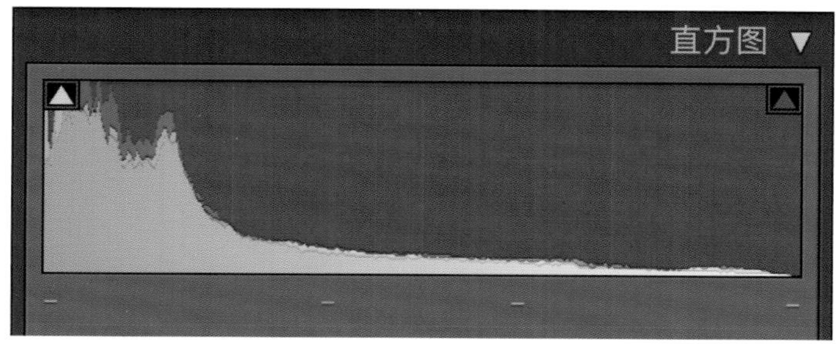

▲ 图 2-17

此外，在某些场景中，如日光的照射，会产生小范围的过曝。但是，过曝反倒更加自然，更符合当时的氛围，如图 2-18 所示。

▲ 图 2-18

图 2-19 所示的直方图显示高光部分已经过曝，但这就是日光的感觉，使得照片在视觉观感上更通透、自然。

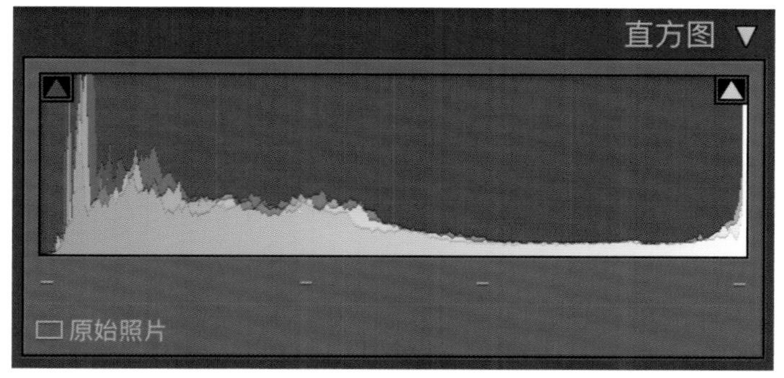

▲ 图 2-19

不管什么照片，虽然过曝或死黑会影响照片的质量，但是不能简单地将其视为废片。从不同的角度来看，这些照片也许具有另外的价值和意义。摄影师应该学会从中挖掘潜在的价值，以及利用现有的资源和技术对这些照片进行合理的调整。

2.2.3 用裁剪给予照片二次生命

裁剪是后期修图中的一个非常基础但也非常重要的技巧。

笔者非常热衷用裁剪进行二次创作，除非商业拍摄需要保证照片像素质量，在个人创作中，裁剪可谓化腐朽为神奇的存在。

（1）改善构图

裁剪可以帮助摄影师通过删除或缩小画面中无关紧要的元素来调整画面的角度，使画面更加和谐、舒适和美观。通过使用裁剪技巧，摄影师可以将画面中的主体元素放置在更加显眼的位置，增强照片的观赏性和表达效果，如图 2-20 和图 2-21 所示。

▲ 图 2-20

▲ 图 2-21

（2）优化比例

通过使用裁剪技巧，摄影师可以结合画面呈现的氛围来调整画面比例，如将常规 4 ：3 的照片裁剪成 16 ：9 的宽屏，照片会更有电影感。摄影师可以删除画面中多余的元素并调整画面比例，使画面更加协调，视觉效果更加舒适，如图 2-22 和图 2-23 所示。

▲ 图 2-22

▲ 图 2-23

（3）改变画面意境

摄影师可以通过裁剪技巧改变照片的意境和氛围。图 2-24 所示为一张郁金香近景照片，在经过二次构图和裁剪后，照片变得更有几何感和艺术感，如图 2-25 所示。裁剪可以强调画面中的特定元素，弱化画面中的其他元素，从而创造出更加丰富多样的视觉效果和情感表达。

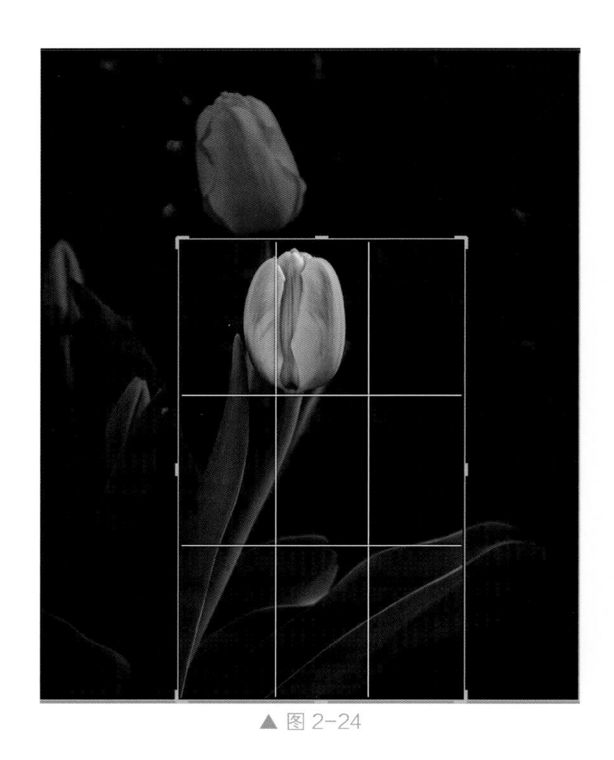

▲ 图 2-24

▲ 图 2-25

（4）弥补焦段缺陷

在拍摄过程中，摄影师可能由于各种原因无法携带多个镜头，只能携带一种镜头进行拍摄。例如，摄影师只携带了广角镜头，无法拍摄微距或特写的照片，这时可以利用广角镜头视角宽广的特点，先将整个场景拍摄下来，再在后期修图时通过裁剪技巧来截取需要的特写，如图 2-26 和图 2-27 所示。

▲ 图 2-26

▲ 图 2-27

在后期修图时，裁剪是一个非常有用的技巧，需要摄影师熟练掌握和运用。

需要注意的是，在裁剪时应该避免过度裁剪，同时注意裁剪后的分辨率和画面质量，避免因为裁剪导致画面模糊和失真，破坏画面的整体效果，或降低照片的质量和观赏性。

以下照片并不适合被裁剪。

（1）低分辨率照片

如果照片的分辨率非常低，则使用裁剪功能可能会导致画面模糊和失真，降低照片的质量和观赏性。因此，在处理低分辨率照片时，应该避免使用裁剪功能，尽量保留原始画面。

（2）全景照片

全景照片通常是通过拍摄多张照片拼接而成的，画面非常宽广。使用裁剪功能可能会导致全景照片的画面失衡或失真，破坏画面的整体效果。因此，在处理全景照片时，应该避免使用裁剪功能，尽量保持原始画面的宽广感。

（3）艺术照片

某些艺术照片可能是特意构造的，画面中包含一些“不完美”的元素，但这些元素可能对整个画面构图起到重要的作用。使用裁剪功能可能会破坏画面的整体效果和意境，因此，在处理艺术照片时，应该谨慎使用裁剪功能。

（4）非常规构图

有些照片的构图非常独特，包含了不同寻常的元素和角度，这种照片通常需要保持原始构图，不宜使用裁剪功能。因此，在处理非常规构图的照片时，应该尽量避免使用裁剪功能，保持原始构图的完整性。

（5）重要元素

有时候画面中的某些元素非常重要，如果使用裁剪功能将其裁剪掉，则可能会破坏画面的整体效果和意境。因此，在处理这种照片时，应该避免使用裁剪功能，尽量保留原始画面。

虽然裁剪是一个非常有用的后期修图技巧，但在使用裁剪功能时，需要谨慎考虑画面的整体效果和意境，尽量保留重要元素和完整构图。

2.3 基本参数

本节将介绍后期修图中几个重要的基本参数。这些基本参数能够直接影响照片的色彩、明暗、清晰度和细节等方面，是影响照片表现效果的关键因素。

2.3.1 白平衡

白平衡用于调整色温以消除照片中不正确的色调。

在拍摄过程中，光线的颜色由于其色温的不同而有所区别。例如，室内的灯光颜色可能偏黄，日光灯颜色可能偏绿，夕阳颜色可能偏红，而晴天的阳光则偏蓝。相机捕捉到的颜色会因为这些光线的不同而出现色偏，这时候就需要使用白平衡来调整照片中的色彩平衡，让照片的颜色更加真实、自然，如图 2-28 所示。

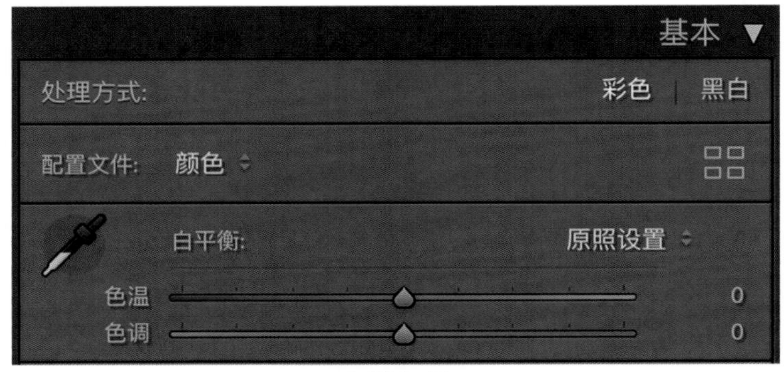

▲ 图 2-28

在相机的白平衡设置中，通常有一些预设的选项，如日光、阴天、白炽灯等，摄影师也可以手动调整色温来实现更精确的白平衡调整。在后期修图时，摄影师可以使用修图软件来调整白平衡，从而消除照片中不正确的色调，让照片表现真实的光线和颜色。

在 Lightroom 中，白平衡包含色温、色调两个参数，如图 2-29 所示。

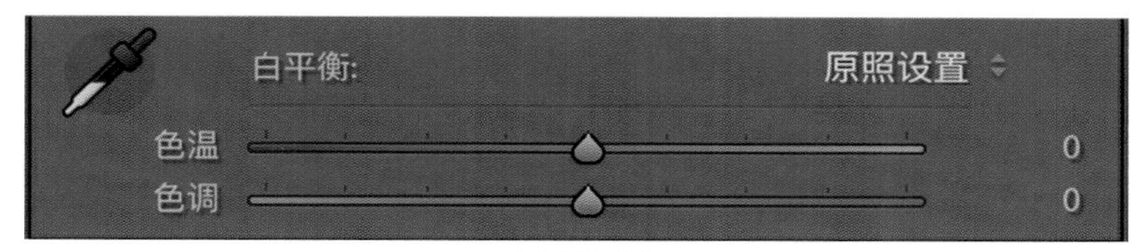

▲ 图 2-29

色温和色调是调整照片色彩的关键，可以帮助摄影师确保照片中的白色及其他颜色看起来自然、准确。不正确的白平衡可能导致照片出现偏蓝、偏橙或其他色彩偏差。

想象一下，在一个寒冷的冬日和一个温暖的夏日，光线和色彩的感觉是截然不同的。色温就像照片中光的温度，描述光源的暖度或冷度。在一天中的不同时刻，光线的色温也会发生变化。在夕阳西下时，阳光洒在大地上，给人以温暖、舒适的感觉，这时的光线色温较高，呈现出金黄色调；而在月色之下，世界变得宁静、清冷，光线的色温较低，呈现出一种蓝色调。

色温和色调就像调色板上的两把魔法刷子，共同作用于照片的光与影，描绘出千变万化的色彩世界。调整色温和色调可以为照片赋予不同的情感和氛围，让平凡的画面变得生动有趣。接下来进行以下操作。

第 1 步：选择合适的白平衡预设。

展开“白平衡”选区右侧的下拉菜单，选择不同的预设，包括“原照设置”“自动”“自定”，如图 2-30 所示。基于不同的光源类型，这些预设可以作为白平衡调整的起点。

▲ 图 2-30

第 2 步：使用滑块手动调整。

在“白平衡”选区中，手动调整“色温”“色调”滑块进而调整白平衡。“色温”滑块负责调整蓝色和黄色之间的平衡，“色调”滑块负责调整绿色和洋红色之间的平衡，如图 2-31 所示。根据需要适当地拖动滑块，使照片的色彩看起来更自然。

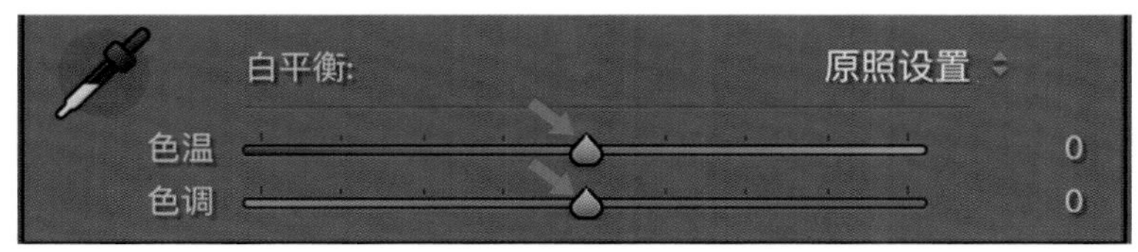

▲ 图 2-31

第 3 步：使用白平衡选择器。

白平衡选择器是一个很实用的工具，摄影师可以根据照片中的中性灰或白色区域快速设置正确的白平衡。在“白平衡”选区中，单击“白平衡选择器”图标按钮，如图 2-32 所示，在照片中找到一个中性灰或白色区域，单击该区域，Lightroom 会自动分析并设置合适的白平衡。

▲ 图 2-32

拾取绿色，照片整体将偏红；拾取黄色，照片整体将偏蓝，在左上角的预览框中可以即时预览效果。在拾取了一种颜色作为目标中性色后，白平衡会自动补足反差色以达到平衡，如图 2-33 所示。

▲ 图 2-33

第 4 步：转换黑白模式。

如果想将照片转换为黑白风格，则可以单击“基本”面板中的“黑白”按钮，禁用“色温”“色调”滑块，但仍然可以调整黑白照片中各个颜色的亮度，如图 2-34 所示。

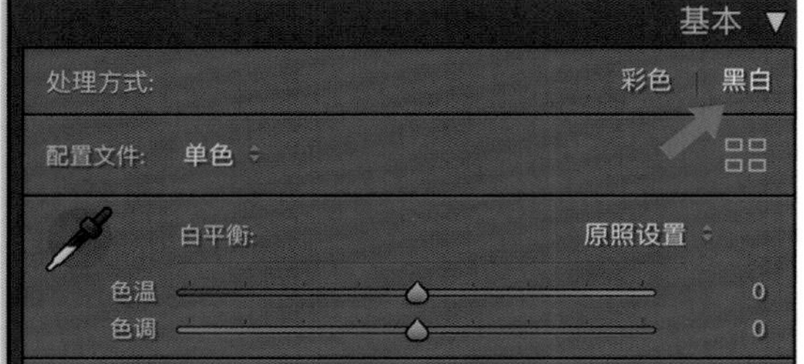

▲ 图 2-34

在调整白平衡时，主要目标是让照片的色彩看起来自然、准确，也可以根据个人喜好和创意需求适当调整白平衡，以实现特定的视觉效果和风格。

（1）营造温暖或冷静的氛围

调整“色温”滑块可以为照片营造温暖或冷静的氛围。提高色温可以使照片偏向黄色，让照片呈现出温暖、舒适的感觉；降低色温可以使照片偏向蓝色，让照片呈现出冷静、清新的氛围，如图 2-35 所示。

（a）

（b）

▲ 图 2-35

（2）调节情感表达

调整白平衡可以调节照片传达的情感。例如，温暖色调的照片可以传达愉快、温馨的情感，而冷色调的照片可以传达神秘、孤独和寂静的情感，如图 2-36 所示。

（3）强调或改变光线条件

调整白平衡可以模拟或强调某种特定的光线条件，如日落时分的暖光、阴天的柔和光和室内的人工光源，从而为观众带来不同的视觉体验，如图 2-37 所示。

（a）

（b）

▲ 图 2-36

（a）

（b）

▲ 图 2-37

（4）创意风格和个性

在创意摄影中，摄影师可以选择使用白平衡设置来创造独特的风格。例如，将白平衡设置为非常冷的色温，可以为照片带来一种未来主义或科幻的感觉；将白平衡设置为非常暖的色温，则可以模拟复古或怀旧的风格，如图 2-38 所示。

（a）

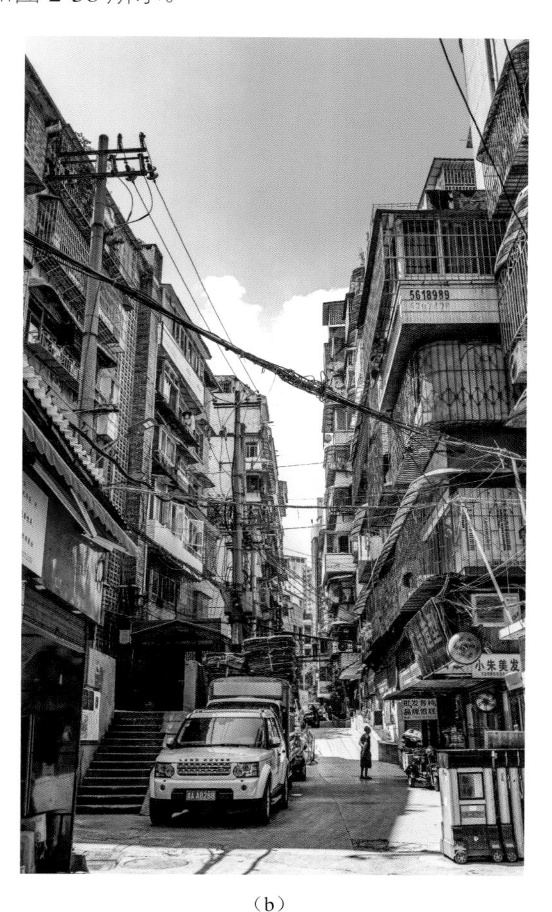

（b）

▲ 图 2-38

在 Lightroom 中使用预设、滑块、白平衡选择器等工具，确保照片的颜色看起来自然、准确。同时，不要忘了根据个人风格和创意需求尝试不同的白平衡设置，以实现独特的视觉效果。

2.3.2　色调

在 Lightroom 中，“基本”面板中的“色调”选区对后期修图至关重要，可以帮助摄影师优化照片的亮度、对比度和细节表现，从而提升整体的视觉效果。“色调”选区如图 2-39 所示。

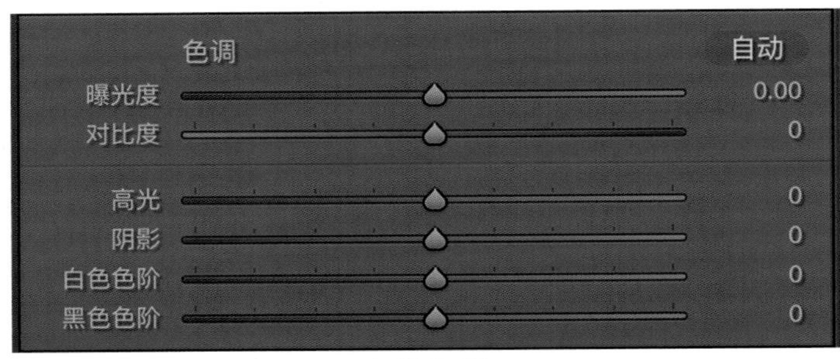

▲ 图 2-39

“色调”选区包括以下参数。

1. 色调的参数

（1）曝光度

调整曝光度可以改变照片整体的亮度。拖动“曝光度”滑块以适当地提高或降低亮度，使照片呈现出合适的曝光效果，如图 2-40 所示。注意不要过度调整，以免过曝或欠曝。

▲ 图 2-40

（2）对比度

调整对比度可以增大或减小照片中明暗区域之间的差异。向右拖动“对比度”滑块可以提高对比度，使照片看起来更有立体感；向左拖动“对比度”滑块可以降低对比度，使照片看起来更柔和。在调整对比度时要适度，避免过高的对比度导致细节丢失，如图 2-41 所示。

（3）高光

高光主要影响照片中亮度较高的区域。向左拖动“高光”滑块可以降低高光区域的亮度，从而恢复过曝区域的细节；向右拖动“高光”滑块可以增强高光效果。在调整高光时，要关注照片中的亮部，避免丢失过多细节，如图 2-42 所示。

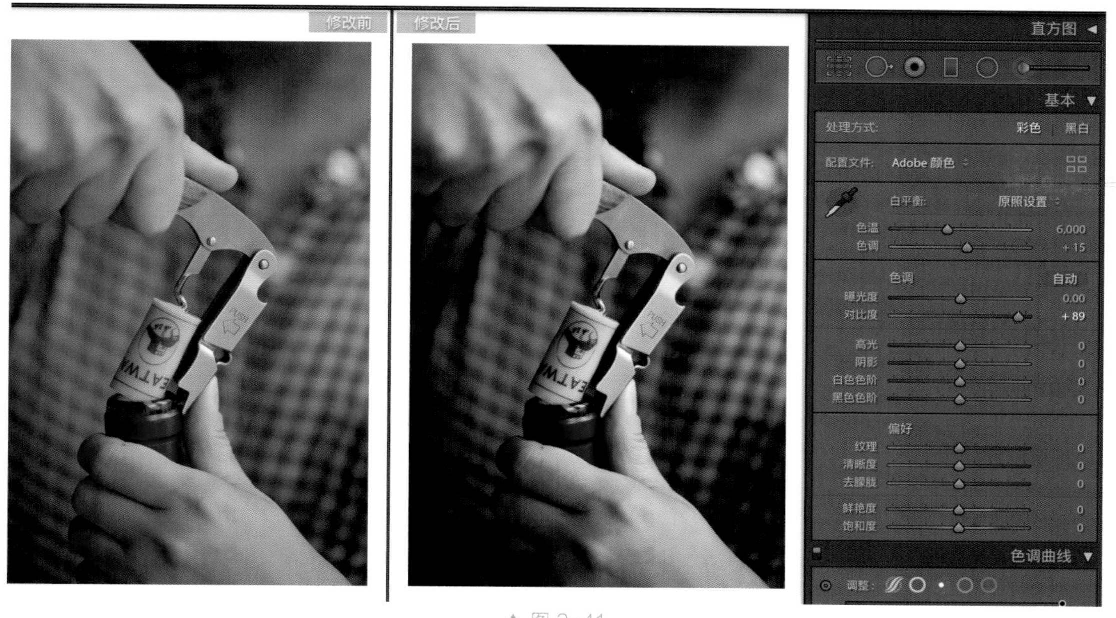

▲ 图 2-41

▲ 图 2-42

（4）阴影

阴影主要影响照片中亮度较低的区域。向右拖动“阴影”滑块可以提高阴影区域的亮度，显示欠曝区域的细节；向左拖动“阴影”滑块可以加深阴影效果。在调整阴影时，要关注照片中的暗部细节，避免出现过暗的区域，如图 2-43 所示。

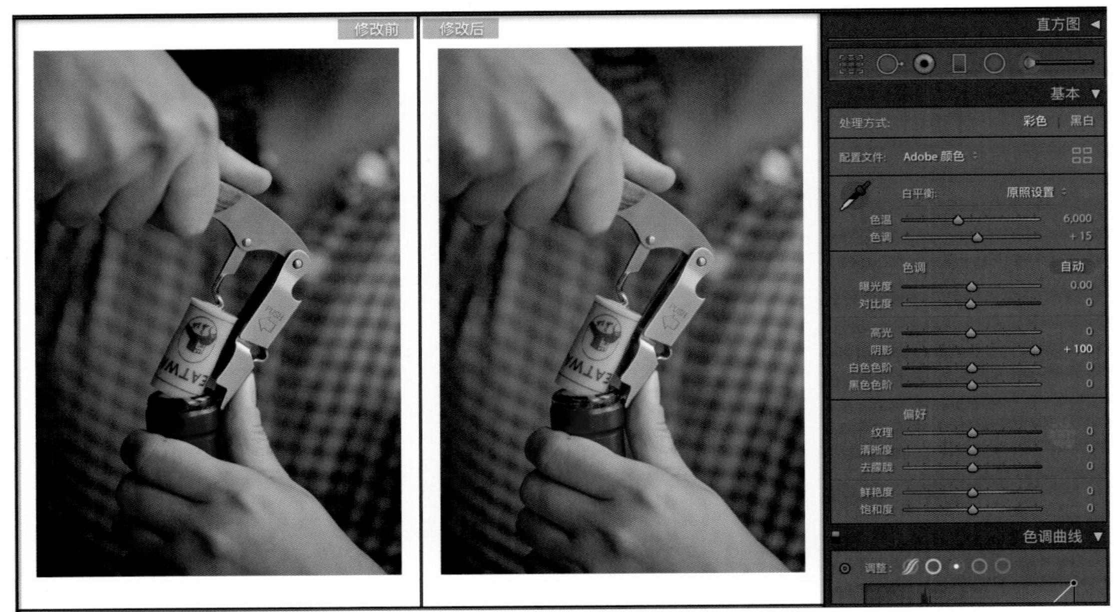

▲ 图 2-43

（5）白色色阶

白色色阶主要影响照片中接近白色的区域。向右拖动“白色色阶”滑块可以提高白色区域的亮度，增强照片的明亮感；向左拖动“白色色阶”滑块可以降低白色区域的亮度，增强细节表现，如图 2-44 所示。

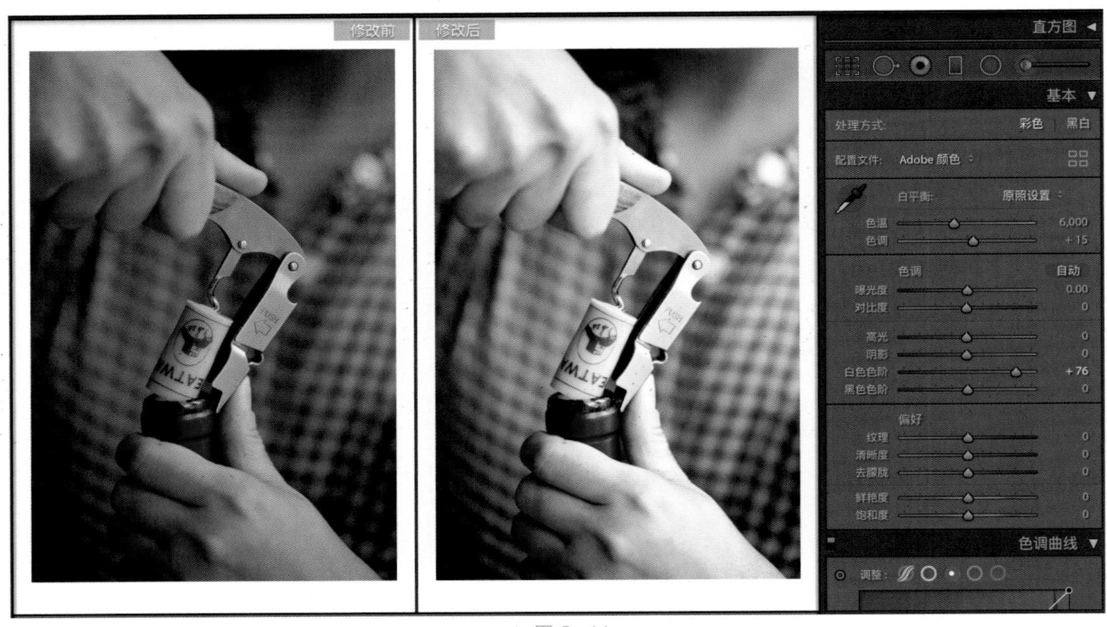

▲ 图 2-44

（6）黑色色阶

黑色色阶主要影响照片中接近黑色的区域。向左拖动“黑色色阶”滑块可以降低黑色区域的亮度，提高照片的对比度和立体感；向右拖动“黑色色阶”滑块可以提高黑色区域的亮度。在调整黑色色阶时，要关注照片中的黑色细节，避免出现过度黑暗或灰暗的区域，如图 2-45 所示。

▲ 图 2-45

2. 压暗高光并提亮阴影和降低对比度的区别

细心的小伙伴也许会有疑问，在调整色调时，压暗高光并提亮阴影的效果是否等同于降低对比度。二者的效果看起来差不多，那么直接调整对比度不就行了吗？

压暗高光并提亮阴影可以在一定程度上降低照片的对比度，提亮高光和压暗阴影可以在一定程度上提高照片的对比度，但它们与直接降低或提高对比度不完全等同，两者之间的主要区别在于调整的范围和强度不同。

压暗高光并提亮阴影主要针对照片中的特定区域进行调整。压暗高光主要影响亮度较高的区域，使过曝的部分恢复细节；提亮阴影主要影响亮度较低的区域，揭示欠曝部分的细节。这两种调整可以针对性地改善照片中的高光和阴影细节，同时降低局部的对比度。

降低对比度主要影响照片整体的明暗区域，使照片中的亮部和暗部差距变小，整体效果更柔和。但直接降低对比度可能无法像压暗高光并提亮阴影那样精确地调整局部细节。

综上所述，虽然压暗高光并提亮阴影可以在一定程度上降低照片的对比度，但它们与直接降低对比度在调整范围和强度上有所区别。在实际操作中，摄影师可以根据需求和审美选择合适的调整方法。

3. 参数调整技巧

“色调”选区中的6个参数（曝光度、对比度、高光、阴影、白色色阶和黑色色阶）从功能性上来说很相似，可以互为补充，共同作用于照片的不同亮度区域；同时各自有特定的调整目标，相互关联，共同影响照片的整体效果。

（1）互为补充

这些参数可以相互补充，以实现更精细的亮度调整。例如，在调整曝光度并优化照片整体亮度后，需要进一步调整高光和阴影来恢复局部区域的细节。

（2）层次分明

虽然这些参数有各自的目标区域，但它们在一定程度上也会影响其他区域。例如，对比度的调整会影响整个亮度范围，而对高光和阴影的调整会对相邻区域产生一定影响。

（3）综合作用

在调整色调时，这些参数可以共同作用以实现理想的效果。例如，在降低对比度的同时提高黑色色阶，可以使暗部区域保持一定的对比度，而不会显得过于灰暗。

综上所述，在使用这些参数进行色调调整时，可以将它们视为一个有机整体，相互补充、层次分明，共同作用以实现理想的照片效果。

在实际操作中，笔者还总结了以下技巧。

（1）调整顺序

建议先从曝光度开始调整，然后逐步调整对比度、高光、阴影、白色色阶和黑色色阶。这样可以确保在调整过程中更好地保持照片整体的平衡。

（2）适当调整

在调整各个参数时要注意适度，避免过度调整导致照片失真或细节丢失。摄影师可以通过观察直方图来辅助判断调整是否合适。

（3）分析照片需求

在进行色调调整前，仔细观察照片的亮度、对比度和色彩分布，以便更有针对性地进行调整。

（4）保持自然感

在调整过程中尽量保持照片的自然感，避免过度处理导致照片看起来不真实。

（5）逐步微调

对每个参数的调整，建议采用逐步微调的方式，先进行粗略调整，再进行细致调整。这样可以更好地控制照片的最终效果。

2.3.3 偏好

在Lightroom的“基本”面板中，除了色调，偏好也可以帮助摄影师优化照片的细节和色彩，包括纹理、清晰度、去朦胧、鲜艳度和饱和度。这些偏好参数共同作用于照片的细节和色彩，如图 2-46 所示。

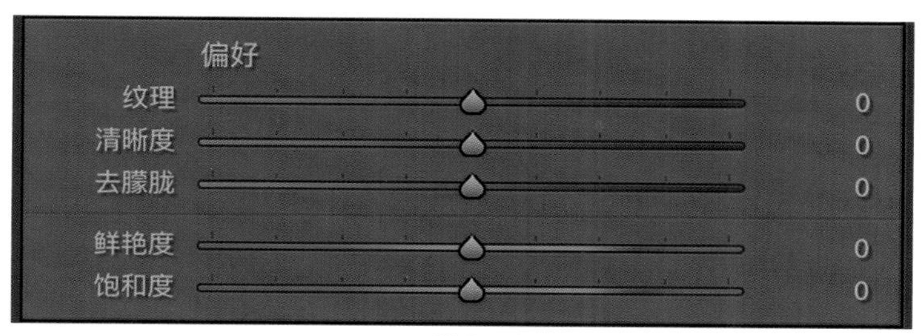

▲ 图 2-46

（1）纹理

“纹理”滑块主要用于增强或减弱照片中的细微纹理和细节。向右拖动“纹理”滑块可以提高纹理的清晰度，使照片看起来更加锐利；向左拖动“纹理”滑块可以降低纹理的清晰度，使照片看起来更加柔和。纹理调整能在保持照片整体平滑度的同时，提高局部对比度。

（2）清晰度

“清晰度”滑块用于调整照片的中等尺寸细节。向右拖动“清晰度”滑块可以提高照片的对比度和锐利度，使照片看起来更加清晰；向左拖动“清晰度”滑块可以让照片看起来更加柔和。清晰度调整主要影响边缘和纹理的对比度，对噪点影响不大。

（3）去朦胧

“去朦胧”滑块用于改善照片中由于大气散射、烟雾等因素导致的朦胧现象。向右拖动“去朦胧”滑块可以提高对比度、清晰度和饱和度，恢复照片中的细节和色彩；向左拖动“去朦胧”滑块可以增加朦胧感，创造梦幻般的效果。

（4）鲜艳度

“鲜艳度”滑块用于调整照片颜色的饱和度，但它对高饱和度颜色的影响相对较小，主要影响中等饱和度的颜色。向右拖动“鲜艳度”滑块可以提高颜色的饱和度，让照片看起来更加生动；向左拖动“鲜艳度”滑块可以降低颜色的饱和度，让照片看起来更加柔和。

（5）饱和度

“饱和度”滑块用于调整照片中所有颜色的饱和度。向右拖动“饱和度”滑块可以提高所有颜色的饱和度，让照片看起来更丰富多彩；向左拖动“饱和度”滑块可以降低所有颜色的饱和度，甚至可以将照片转换为黑白模式。

纹理、清晰度和去朦胧 3 个参数针对细节，而鲜艳度和饱和度针对色彩。鲜艳度和饱和度同样都是调整饱和度，它们的区别是一个调整局部，一个调整全局。

我们说一个颜色是高饱和度的，通常指的是它的饱和度非常高，呈现出非常鲜艳的效果，如火焰红、太阳黄、青草绿等颜色。中等饱和度的颜色则相对柔和一些，不像高饱和度颜色那样刺眼、醒目，如蓝天白云、浅黄色的麦田、深绿色的森林等。它们的饱和度不是非常高，但也不是非常低，呈现出比较自然、平衡的颜色。鲜艳度调整的就是这部分区域的饱和度。

> 小贴示
>
> 如何界定中等尺寸细节？
>
> 中等尺寸细节指的是照片中大小相对中等的细节元素，如人物的脸部、建筑物的窗户、植物的叶子等。这些细节元素通常不太小，但也不是非常大，大小处于中等范围。
>
> 在 Lightroom 中，界定中等尺寸的具体大小并不是非常明确，因为它会随着不同的照片和不同的细节元素而有所变化。一般来说，中等尺寸细节介于非常微小和非常大的细节之间。通常，在调整清晰度和纹理的时候，摄影师需要根据具体照片中细节元素的大小来决定调整的程度。
>
> 此外，需要注意的是，中等尺寸细节通常比较容易受到照片拍摄参数和环境条件的影响，如光线明暗度、拍摄距离、相机焦距等。因此，在调整照片细节时，摄影师需要多尝试，实时查看效果，根据实际情况选择合适的调整参数，以达到更好的效果。

1. 锐度

调整细节的参数除了“基本”面板中的纹理、清晰度和去朦胧，还有锐度。为什么将锐度作为一个单独的调整参数呢？

在 Lightroom 中，纹理和清晰度主要调整照片的中等尺寸细节，纹理主要用于增强或减弱照片中的细微纹理和细节，而清晰度主要用于调整照片的中等尺寸细节和边缘的清晰度。这两个参数用于调整整个照片整体的细节质感和清晰度，可以在“基本”面板中进行调整。

锐度主要调整照片的微小细节和边缘的清晰度。在 Lightroom 中，锐度被单独分为一个面板，即“详细信息”面板。在这个面板中，不仅可以调整锐度，还可以调整噪点和颜色失真等细节。

因此，尽管纹理、清晰度和锐度都是调整照片细节的参数，但它们所调整的细节层面略有不同。综上所述，纹理和清晰度主要调整整个照片的中等尺寸细节和质感，而锐度更加注重微小细节和边缘的清晰度。因此，将锐度单独分为一个面板来进行调整会更加方便和精确。

2. 去朦胧和对比度的区别

去朦胧和增强对比度是两个不同的调整参数，它们的效果相近，但并不完全一样。

去朦胧是指提高照片中黑色和白色的对比度，以提高照片整体的明暗度和清晰度。在 Lightroom 中，向右滑动“去朦胧”滑块可以提高照片的明暗度和色彩饱和度，使照片看起来更加鲜艳和明亮。

对比度是指调整照片中暗部和亮部之间的对比度，以改变照片整体的清晰度和饱和度。在 Lightroom 中，向右滑动“对比度”滑块可以增加照片的对比度，使照片的明暗部分更加鲜明，颜色更加饱和。

尽管去朦胧和提高对比度都可以增强照片的明暗度和清晰度，但它们的调整方式和效果略有不同。去朦胧更注重照片整体的明暗度和色彩饱和度，而对比度更注重照片中暗部和亮部的对比，能使照片的颜色更加鲜艳和明亮。

需要注意的是，去朦胧和提高对比度都可能对照片的细节和噪点产生影响。如果调整过度，则可能导致照片出现过度曝光、过度饱和、失真等问题。

3．实际操作中的注意事项

在实际操作中，需要注意以下几点。

（1）适当调整

在使用这些参数调整照片时，需要注意适度，以避免过度处理照片。过度提高清晰度或饱和度会使照片看起来不自然，失去真实感。

（2）相互协调

这些参数通过相互协调可以产生更好的效果。例如，在提高清晰度的同时提高纹理，可以让照片看起来更加锐利和细腻。

（3）照片风格

这些参数应该根据照片的风格和主题进行调整。例如，对风景照片适当提高鲜艳度和清晰度，可以让绿色和蓝色更加清晰、鲜艳；将人像照片适当降低饱和度，可以突出人物的自然肤色。

摄影师在调整偏好参数时，需要根据照片的需求和自身的审美灵活运用，适当调整并使之相互协调，创造出更加生动、清晰、自然的照片效果。

2.4 色调曲线

色调和曲线调整是后期修图过程中非常重要的技能，可以让照片更加精细和专业。色调调整包括一系列相关的工具，如亮度、对比度、饱和度、色彩平衡、HSL（色相、饱和度、明亮度）、分离色调等。

色调调整是一组工具，而不是一个单独的工具。这些工具共同作用于照片的色彩和明暗关系，从而实现不同的后期效果。色调曲线是色调调整中非常强大且灵活的一个工具。

2.4.1 色调曲线

色调曲线是一个强大且灵活的后期调整工具，可以精确地调整图像的明暗和色彩，其工作原理基于图像的色阶分布。

在曲线坐标图上，横轴表示图像的亮度级别（从黑到白），纵轴表示该亮度级别的像素数量，如图 2-47 所示。改变曲线的同时会改变图像中特定亮度级别的像素数量，从而调整明暗和色彩。

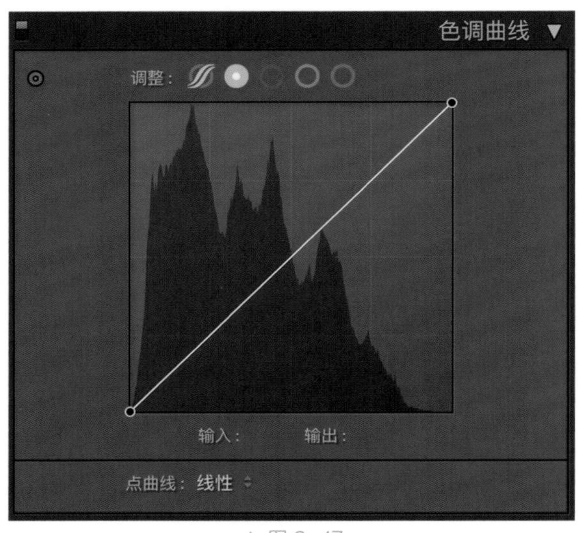

▲ 图 2-47

色调曲线可以分别针对高光、阴影和中间调区域进行调整，不仅能够更精确地控制图像的明暗和色彩，还能够独立地调整每个颜色通道，从而实现更丰富的色彩效果。

在本节中，首先，我们将深入讨论曲线坐标的各部位及其对图像明暗的影响；其次，我们将探讨各个颜色通道的使用方法和原理，以及它们在色彩调整中的作用。

色调曲线以平面直角坐标系的形式呈现，其中横轴表示输入值，纵轴表示输出值。

左下角（阴影）：左下角表示图像的暗部区域。调整这一部分的曲线，可以更精确地控制阴影部分的亮度和对比度。提升曲线可以提高阴影部分的亮度，降低曲线可以降低阴影部分的亮度。

右上角（高光）：右上角表示图像的亮部区域。调整这一部分的曲线，可以更精确地控制高光部分的亮度和对比度。提升曲线可以提高高光部分的亮度，降低曲线可以降低高光部分的亮度。

中间部分（中间调）：中间部分表示图像的中间调区域。调整这一部分的曲线，可以更精确地控制中间调区域的亮度和对比度。提升曲线可以提高中间调部分的亮度，降低曲线可以降低中间调部分的亮度。

色调曲线是一个很全面、立体的工具，可以精准定位图像中的三原色并修改其明暗和对比度。

色调曲线是一个图表，如图 2-48 所示。这个图表有一个横轴和一个纵轴，横轴从左到右表示图像已有像素从暗到亮地排列，纵轴表示调整后的特定像素的亮度值，由下而上越来越亮。起始 45° 的对角线表示图像调整前的所有颜色和亮度。在图表的下方有 4 个通道选项：RGB、红色（R）、绿色（G）、蓝色（B），如图 2-49 所示。

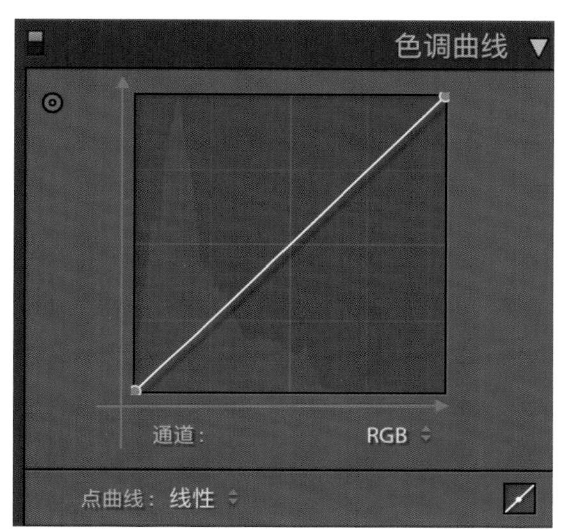

▲ 图 2-48

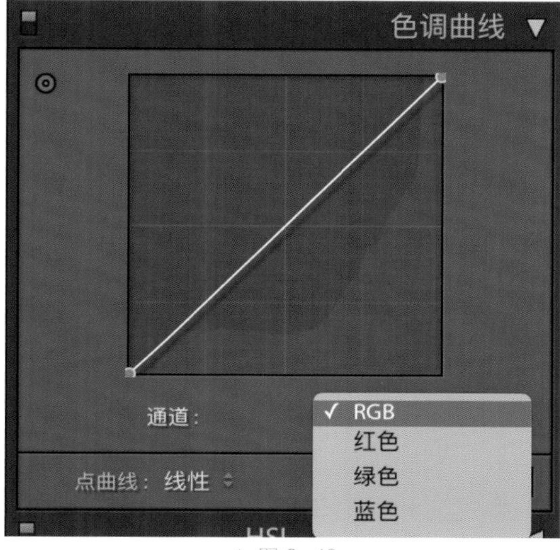

▲ 图 2-49

下面主要讲解这 4 个通道如何调整及其对应的效果。

1．RGB 通道

在调整曲线前，需要先调整 RGB 通道。RGB 通道是三色融合的整体通道，调整的是图像整体的明暗对比度。对角线的左下角代表图像的最暗的像素，对角线的右上角代表图像的最亮的像素，中间段的亮度由左向右递增。

单击对角线，在线上放置任意点，用鼠标拖动该点来调整曲线的形态。我们可以发现，将点向上拖动，图像相应区域会变亮，向下拖动会变暗。例如，将 RGB 通道曲线的最左端向上拖动，图像的暗部会变亮，如图 2-50 所示；将 RGB 通道曲线的最右端向下拖动，图像的亮部会变暗，如图 2-51 所示。

曲线的形状显示了明暗对比度。曲线的斜率越大，图像的对比度越高。

接下来讲解三色通道，它是照片调色的灵魂，是确定照片整体影调的关键。R 代表红色，G 代表绿色，B 代表蓝色。

▲ 图 2-50

▲ 图 2-51

2. 红色通道

竖轴表示由下而上越来越亮，横轴表示图像中所有的红色像素点由左向右越来越亮。将曲线向上拖动，表示图像中相应区域的红色像素点变亮了，图像发红，如图 2-52 所示。

▲ 图 2–52

将曲线向下拖动，图像中相应区域的红色像素点变暗了。那为什么图像会变为浅绿色（浅绿色是 Lightroom 中青色的说法）呢？因为红色变暗，自然凸显了蓝色和绿色，而蓝色和绿色的交融色就是浅绿色（青色）。在色相环中，红色的对比色也是浅绿色（青色），红色通道的对角线分割的两块区域代表对比色。将曲线向红色区（上）拖动，图像发红；将曲线向浅绿色区（下）拖动，图像发青，如图 2-53 所示。

▲ 图 2–53

3. 绿色通道

将曲线向上拖动，图像中相应区域的绿色像素点变亮了，图像发绿，如图 2-54 所示。

▲ 图 2-54

将曲线向下拖动，图像中相应区域的绿色像素点变暗了，图像发洋红色，如图 2-55 所示。很显然，洋红色就是绿色的对比色。

▲ 图 2-55

4．蓝色通道

将曲线向上拖动，图像中相应区域的蓝色像素点变亮了，图像发蓝，如图 2-56 所示。

▲ 图 2-56

将曲线向下拖动，图像中相应区域的蓝色像素点变暗了，图像发黄，如图 2-57 所示。

▲ 图 2-57

上述 4 个通道及其对应效果的说明如表 2-1 所示。

表 2-1

颜色通道	调整目标	明暗变化	色相变化
RGB	整体明暗与对比度	向上拖动曲线会提高亮度，向下拖动会降低亮度	调整 RGB 通道曲线不会直接影响色相，但会改变整体明暗和对比度
红色	红色与青色的明暗及色相	向上拖动曲线会提高红色的亮度，向下拖动会提高青色的亮度	向上拖动红色曲线会增加红色调，向下拖动会增加与红色相反的青色调
绿色	绿色与洋红色的明暗及色相	向上拖动曲线会提高绿色的亮度，向下拖动会提高洋红色的亮度	向上拖动绿色曲线会增加绿色调，向下拖动会增加与绿色相反的洋红色调
蓝色	蓝色与黄色的明暗及色相	向上拖动曲线会提高蓝色的亮度，向下拖动会提高黄色的亮度	向上拖动蓝色曲线会增加蓝色调，向下拖动会增加与蓝色相反的黄色调

5．色调曲线在实际应用中的优势

与“基本”面板中的曝光度、对比度等参数相比，色调曲线的主要优势在于其精细度和灵活性。

（1）更精细的亮度控制

色调曲线可以实现比“基本”面板中的参数更精细的亮度控制，针对不同的亮度范围进行调整，从而实现高光、阴影和中间调的精确控制。

（2）复杂的色彩平衡调整

通过调整各个颜色通道，色调曲线可以实现更复杂的色彩平衡调整，使得摄影师可以创造出丰富的色彩效果和个性化的调色风格。

（3）更精确的对比度调整

通过创建 S 形曲线，色调曲线可以实现图像对比度的精确调整。这种调整比“基本”面板中的更精确，因为摄影师可以控制对比度的调整程度，以及将其应用在哪些亮度范围内。

（4）组合调整

色调曲线与“基本”面板中的调整参数可以结合使用，实现更丰富的后期效果。摄影师可以先使用“基本”面板中的参数进行快速调整，再利用色调曲线进行细致的调整。

在后面的实例操作中，我们会大量运用色调曲线，要想真正地掌握这个工具，离不开大量的练习和不断的尝试。

2.4.2 HSL 颜色模型

HSL（色相、饱和度、明亮度）是一种颜色模型，用于表示和调整图像中的颜色。HSL 颜色模型将颜色分为 3 个独立的维度：色相、饱和度和明亮度，如图 2-58 所示。

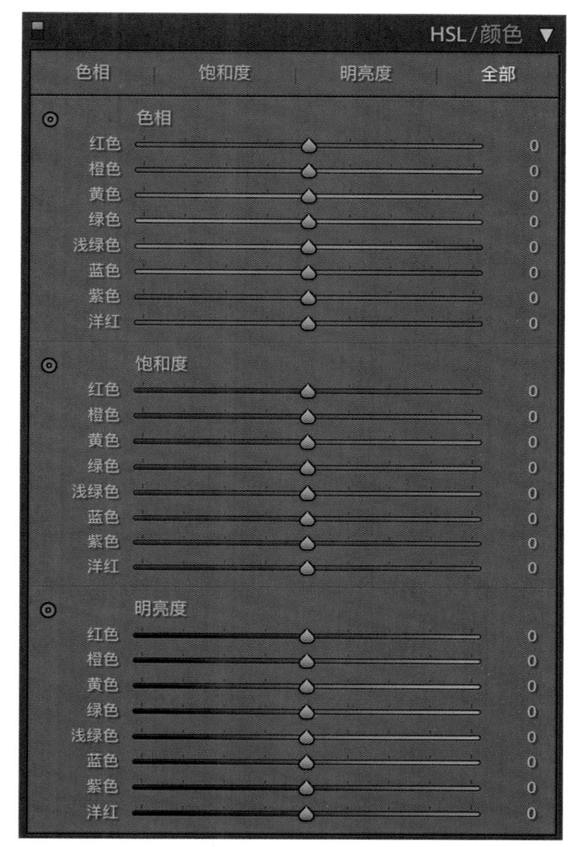

▲ 图 2-58

HSL 颜色模型最早可以追溯到 20 世纪 70 年代，由美国计算机科学家 Alvy Ray Smith 于 1978 年提出，旨在为计算机图形学提供一种更直观、更符合人类视觉系统的颜色表示方法，它使得颜色调整变得更加容易理解和操作。

随着计算机技术的普及，HSL 颜色模型逐渐成为许多流行的图像处理软件（如 Photoshop 和 Lightroom）的标配。这使得越来越多的摄影师和设计师能够利用 HSL 颜色模型创作出更具吸引力的作品。

（1）色相

色相（Hue）是颜色的基本属性，即我们通常所说的红色、绿色、蓝色等。在 HSL 颜色模型中，色相是一个环形的范围，也就是第 1 章中提到的色相环，表示从红色到绿色、蓝色，再回到红色的连续变化。调整色相可以改变图像的颜色，从而实现不同的色彩风格和效果。

（2）饱和度

饱和度（Saturation）表示颜色的纯度，即颜色中的彩色成分与灰度成分的比例。饱和度越高，图像的颜色越鲜艳；饱和度越低，图像的颜色越接近灰度。调整饱和度可以使图像的颜色更加丰富或柔和。

（3）明亮度

明亮度（Luminance）表示颜色的明暗度。明亮度越高，图像的颜色越亮；明亮度越低，图像的颜色越暗。调整明亮度可以改变图像中特定颜色的明暗，从而增强或减弱某些颜色的视觉效果。

综上所述，HSL 颜色模型及其对应的定义和效果如表 2-2 所示。

表 2-2

HSL 颜色模型	定义	效果
色相	颜色的基本属性，如红色、绿色、蓝色等	改变图像中的颜色，实现不同的色彩风格和效果
饱和度	颜色的纯度，即彩色成分与灰度成分的比例	使图像的颜色更加丰富或柔和
明亮度	颜色的明暗度	改变特定颜色的明暗，增强或减弱某些颜色的视觉效果

1. HSL 颜色模型的使用方法

（1）色相调整

调整“色相”选区可以改变图像的颜色，实现不同的色彩风格和效果。例如，将“绿色”滑块向黄色的方向拖动，可以将图像中的绿叶变为黄叶，达到季节更替的效果，如图 2-59 所示。

▲ 图 2-59

（2）饱和度调整

调整“饱和度”选区可以使图像的颜色更加丰富或柔和。例如，将“红色”滑块向左拖动，可以降低图像中红色的饱和度，红色门墙的颜色会减淡，如图 2-60 所示。

▲ 图 2-60

（3）明亮度调整

调整“明亮度”选区可以改变特定颜色的明暗，增强或减弱某些颜色的视觉效果。例如，将“蓝色”滑块向左拖动，可以降低图像中蓝色的明亮度，使天空的颜色更深，如图 2-61 所示。

▲ 图 2-61

2．HSL 颜色模型的功能

（1）色彩平衡

调整色相可以在保持原有色彩平衡的基础上实现图像的色彩变化，有助于创造出独特的调色风格，同时避免由于过度调整而导致的颜色失真。

（2）饱和度控制

适当地调整饱和度可以使图像颜色更加丰富或柔和，从而增强图像的视觉吸引力。但过度调整饱和度可能导致颜色失真或过于鲜艳，使图像失去真实感。

（3）局部明亮度调整

调整明亮度可以改变特定颜色的明暗，有助于突出或弱化图像中的某些元素，从而实现更好的视觉效果和层次感。然而，过度调整明亮度可能导致高光或阴影细节的质量降低。

3．HSL 颜色模型的应用

（1）风格塑造

在摄影作品的后期制作中，调色是塑造风格的重要手段。通过使用 HSL 颜色模型，摄影师可以根据自己的审美和创意需求，调整图像中的色彩组合、饱和度和明亮度，使图像达到理想的视觉效果。

（2）问题修正

在拍摄过程中，由于光线、色温或相机设置等原因，图像可能存在色彩偏差或过曝等问题。使用 HSL 颜色模型可以有效地修正这些问题，还原真实的色彩和明暗。

（3）混合曝光

在处理多张不同曝光的图像时，HSL 颜色模型可以实现平滑的过渡和自然的融合。通过调整明亮度和饱和度，摄影师可以使不同曝光的图像的色彩和明暗更加协调。

HSL 颜色模型在后期修图阶段的意义重大，如同为画家提供了更丰富的调色板，使他们能够更好地表达自己的想法和情感，创造出更具艺术价值和视觉吸引力的作品。

2.4.3 分离色调

分离色调是一种在后期修图阶段常用的调色技术，允许分别为图像的高光和阴影区域添加特定的色调。

HSL 颜色模型允许摄影师调整图像的各种颜色，它的主要优势在于可以针对单一颜色进行调整，而不会影响其他颜色。分离色调可以对高光和阴影区域进行独立的色彩调整，如图 2-62 所示，适用于需要对高光和阴影区域进行细致调整的场景，有助于增强作品的氛围和立体感。

分离色调主要有 3 个参数：高光、阴影和平衡。

（1）高光

- 色相：高光色相是指应用于图像高光区域的色彩。调整高光色相可以为亮部区域添加所需的色调，从而改变图像整体的色彩效果。
- 饱和度：高光饱和度决定高光色调的强度。较低的饱和度会使高光色调更加柔和，而较高的饱和度会使高光色调更加鲜明。

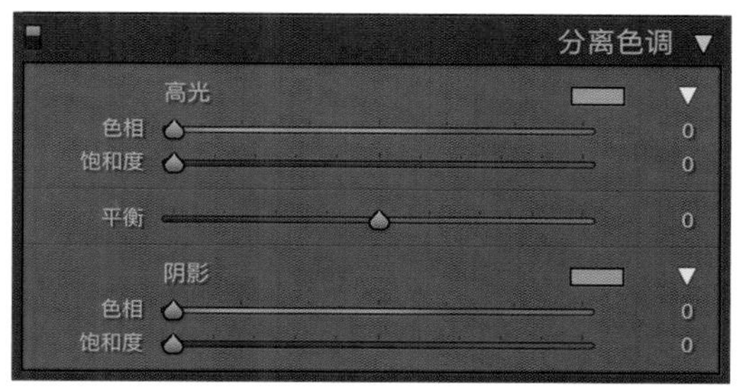

▲ 图 2-62

（2）阴影

- 色相：阴影色相是指应用于图像阴影区域的色彩。调整阴影色相可以为暗部区域添加所需的色调，从而增强图像的深度和立体感。
- 饱和度：阴影饱和度决定阴影色调的强度。较低的饱和度会使阴影色调更加柔和，而较高的饱和度会使阴影色调更加鲜明。

（3）平衡

平衡用于调整高光色调和阴影色调在图像中的比例。向高光方向调整平衡会使高光色调更加明显，而向阴影方向调整平衡会使阴影色调更加明显。

以草莓的图像为例，如图 2-63 所示。

▲ 图 2-63

第 1 步：提高红色的饱和度。

可以看到，高光区域为红色草莓，选择红色为高光色，提高红色的饱和度，在“高光”选区中，向右拖动“饱和度”滑块，如图 2-64 所示。

▲ 图 2-64

第 2 步：添加对比色。

上述调整导致暗部发红，因此需要为暗部添加一些对比色——绿色，调整“阴影”选区，如图 2-65 所示。

▲ 图 2-65

向左拖动“平衡”滑块，色彩权重会偏向暗部色调，即图像中的绿色，如图 2-66 所示。

▲ 图 2-66

向右拖动“平衡”滑块，色彩权重会偏向亮部色调，即图像中的红色，如图 2-67 所示。

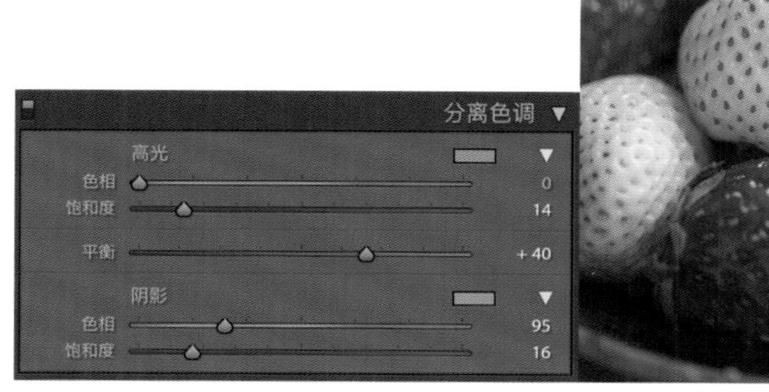

▲ 图 2-67

Lightroom 的分离色调功能说明如表 2-3 所示。

表 2-3

功能	参数	调整方法	作用
高光	色相	使用滑块选择高光区域的颜色	改变图像亮部的色彩，增强作品的氛围和吸引力
	饱和度	使用滑块调整高光区域的颜色强度	控制高光区域颜色的鲜艳程度
平衡	平衡值	调整平衡参数，控制高光和阴影色调的比例	实现更精确的色彩控制，使作品更具层次感和立体感
阴影	色相	使用滑块选择阴影区域的颜色	增强图像暗部的色彩，提升图像的深度和立体感
	饱和度	使用滑块调整阴影区域的颜色强度	控制阴影区域颜色的鲜艳程度

分离色调对影调风格的意义尤为重要，相较于其他调色功能，它拥有独特的性能，在某些特定情况下展现出了无法替代的优势，使得摄影师能够更精确地调整图像的色彩效果。

（1）色彩表现的个性化

分离色调可以针对图像的高光和阴影区域进行独立的色彩调整，正如画家在绘画过程中可以自由地为高光和阴影部分选择不同的颜料，摄影师可以利用分离色调为作品赋予独特的色彩风格。在需要强调个性和主题的情况下，分离色调提供了一种无法替代的调色手段。

（2）增强氛围

分离色调使得摄影师能够分别调整高光和阴影区域的色彩，从而为作品营造出特定的氛围。如同电影导演在不同的场景之间切换不同的色调以传达不同的情感，摄影师可以借助分离色调为作品赋予丰富的情感层次。在需要强调某种情感或氛围的作品中，分离色调具有无可替代的作用。

（3）提升立体感和深度

利用分离色调对高光和阴影区域进行独立的色彩调整，有助于增强图像的立体感和深度。如同雕刻家在塑造作品时通过运用光影使作品更具立体感，摄影师可以利用分离色调强化图像的光影关系，使作品更具视觉吸引力。在需要增强作品立体感和深度的场景中，分离色调具有独特的优势。

（4）更精确的色彩控制

分离色调提供了一种更精确的色彩控制手段。摄影师可以根据需要对高光和阴影区域进行微调，从而实现更加精确的色彩平衡。正如音乐家在创作过程中对音符的高低、强弱进行细致的操控，摄影师可以借助分离色调在作品中实现更为精确的色彩控制。在需要对色彩进行精确调整的场景中，分离色调是一个强大的调色工具。正如诗人在创作过程中通过对词句的精心挑选和排列来表达内心情感，摄影师可以通过分离色调为作品赋予丰富的视觉效果和情感内涵。

2.5 细节

Lightroom 中的“细节”面板主要用于优化图像的锐度和噪点，包含两个主要参数：锐化和降噪。

接下来将详细介绍这两个参数在后期修图阶段的意义，以及它们如何弥补相机在某些方面的不足。

2.5.1 锐化

锐化是一个重要的后期修图步骤，能够提高图像的清晰度和细节。

在摄影过程中，由于镜头本身的特性、传感器的分辨率限制，以及拍摄时手抖等原因，摄影师拍摄的照片可能会出现一定程度的模糊。通过后期锐化，我们可以弥补这些因素带来的影响，使照片的主体更加清晰，凸显细节，如图 2-68 所示。

Lightroom 中的“细节”面板提供了强大的锐化功能，摄影师可以根据需要调整数量、半径、细节和蒙版参数，实现精细的锐化效果，从而弥补相机在拍摄过程中清晰度和细节的损失，提升图像整体的质量。

▲ 图 2-68

- 数量：用于控制锐化程度，数值越大，锐化效果越明显。
- 半径：用于设定锐化效果作用的范围，数值越大，锐化边缘的宽度越大。
- 细节：用于控制锐化细节的保留程度，数值越大，图像中的细节保留得越多。
- 蒙版：用于控制锐化应用的范围，数值越大，图像的边缘和纹理区域的锐化效果越明显，要避免对平滑区域产生过度锐化。

锐化是通过提高图像中相邻像素之间的对比度来实现的。当提高图像边缘区域的对比度时，人眼会感觉到边缘更加清晰。

1．如何得到合适的锐化边缘

（1）观察图像的内容

观察图像的细节、纹理和边缘，如果图像本身已经具有丰富的细节和锐利的边缘，那么应适当降低边缘锐化程度；如果图像较为模糊，缺乏清晰的细节和边缘，那么可以适当提高边缘锐化程度。

（2）考虑期望达到的效果

如果希望创作一幅具有较强烈纹理和明显边缘的作品，那么可以尝试提高边缘锐化程度；如果希望保持图像的柔和度和自然感，那么应该适当降低边缘锐化程度。

（3）逐步调整

在实际操作中，摄影师应该逐步调整锐化参数，观察图像变化，从较低的边缘锐化程度开始逐渐增加，直至得到满意的效果，同时密切关注图像的质量，避免过度锐化导致的噪点和边缘失真。

（4）使用蒙版功能

在 Lightroom 的“细节”面板中，利用蒙版（Masking）参数可以筛选锐化应用的区域，使锐化效果集中在边缘区域，从而保护平滑区域免受锐化的影响。

（5）放大观察

在调整锐化参数时，将图像放大至 100% 或更高的比例，有助于发现潜在的过度锐化问题，如出现噪点、锯齿和边缘失真等。

请注意，锐化效果没有统一的标准，因为每个人的审美不同。按住 Alt 键（Windows）或 Option 键（macOS）并拖动滑块有助于更直观地观察边缘锐化效果。

综上所述，Lightroom 的锐化功能说明如表 2-4 所示。

表 2-4

参数	调整方法	作用	注意事项
数量	按住 Alt 键并拖动滑块	直观地看到锐化效果的变化	为避免锐化过度，需要找到合适的锐化程度
半径	按住 Alt 键并拖动滑块	观察边缘宽度的变化	确定合适的边缘宽度，以实现自然且平衡的锐化效果
细节	按住 Alt 键并拖动滑块	观察锐化对细节和纹理的影响	在保留细节的同时，避免过度锐化导致的噪点和失真
蒙版	按住 Alt 键并拖动滑块	显示黑白掩蔽图，控制锐化处理的范围	保护平滑区域免受锐化的影响

2．实际操作中的注意事项

在实际操作中，请务必注意以下几点。

（1）多尝试不同的参数组合

每张图像的特点和需求都不同，因此在调整锐化参数时，请尝试多种不同的组合，以找到最佳效果。

（2）观察不同比例下的锐化效果

在调整锐化参数时，摄影师可以将图像放大至 100% 或更大，也可以缩小图像以观察全局效果，找到在不同尺寸下能保持良好效果的锐化程度。

（3）考虑输出媒介

在调整锐化参数时，摄影师需要考虑图像最终将以何种方式展示（如打印、网站展示等），不同的输出媒介对锐化的要求可能有所不同。

（4）不要过度依赖锐化

虽然锐化参数可以改善图像的细节和边缘的清晰度，但它不能弥补拍摄时的失焦或运动模糊等问题。因此，在拍摄过程中保持相机稳定和焦距合适至关重要。

（5）综合使用其他后期处理工具

除了锐化处理，摄影师还可以使用 Lightroom 中的其他功能，如降噪、局部调整和色彩校正等，来进一步提升图像质量。综合运用各种后期处理工具，可以更好地实现创作目标。

2.5.2 降噪

降噪也就是噪点消除，在后期修图阶段，这是一项关键技术。尽管现代数码相机在低光环境下表现得越来越出色，但图像噪点仍然是一个难以避免的问题。高感光度、长时间曝光，以及温度变化等因素都可能导致噪点的出现，而降噪处理可以有效地降低噪点对图像质量的影响，提升图像整体的观感。“噪点消除”选区如图 2-69 所示。

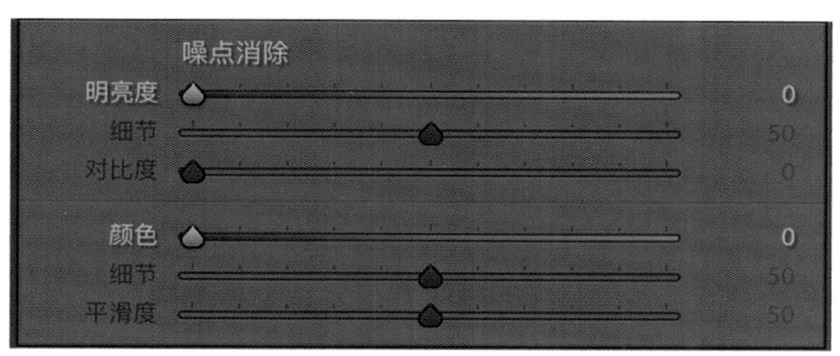

▲ 图 2-69

降噪技术的核心是识别并消除图像中的噪点，同时尽量保留图像的细节和纹理。这需要通过复杂的算法分析像素之间的相关性，识别出真实的图像内容与噪点。

目前，降噪技术主要分为时域降噪和频域降噪，时域降噪主要通过对图像的相邻帧（像素在空间上的邻近关系）进行处理来消除噪点，频域降噪则通过分析图像的频率特征来消除高频噪点。Lightroom 中的降噪技术属于时域降噪。

在 Lightroom 中，降噪方法主要分为明亮度降噪和颜色降噪。这两种方法都基于像素邻近关系来使图像更平滑，并在保持图像细节的同时降低噪点。

（1）明亮度降噪

明亮度降噪主要针对图像的明亮度通道进行处理，减少明暗变化引起的噪点。拖动“明亮度”滑块可以控制降噪的强度。明亮度降噪还包括以下两个功能。

- 细节：此功能用于调整降噪过程中保留的图像细节水平。细节的值越大，保留的细节越多，但噪点可能会更明显；细节的值越小，图像越平滑，但可能损失一些细节。因此，降低噪点和保留细节之间需要一个平衡点。
- 对比度：提高对比度可以在降噪过程中保留图像的对比度，但可能导致噪点更加明显，降低对比度可以使图像更平滑，但可能导致低对比度区域的细节丢失。与细节功能类似，在调整对比度时也需要在保持对比度和降低噪点之间找到一个合适的平衡点。

（2）颜色降噪

颜色降噪主要针对图像的色彩通道进行处理，用于降低色彩变化引起的噪点。拖动“色彩”滑块可以控制降噪的强度。颜色降噪还包括两个功能。

- 细节：此功能用于调整颜色降噪过程中保留的图像细节水平。细节的值越大，保留的细节越多，但颜色噪点可能会更明显；细节的值越小，图像越平滑，但可能损失一些细节。因此，降低颜色噪点和保留细节之间需要一个平衡点。

- 平滑度：此功能用于控制颜色降噪过程中平滑度的水平。提高平滑度可以平滑图像中的颜色过渡，降低颜色噪点；降低平滑度可以保留更多的细节，但可能导致颜色噪点更加明显。与细节功能类似，在调整平滑度时也需要在降低颜色噪点和保留细节之间找到一个平衡点。

同样，在使用 Lightroom 中的降噪功能时，可以按住 Alt 键（Windows）或 Option 键（macOS）来辅助观察调整效果。在按住 Alt / Option 键并拖动滑块时，Lightroom 界面会变成灰度或单色预览，有助于更清晰地看到噪点和细节的变化。这种预览方式可以让摄影师专注于噪点和细节的变化，而不被色彩分布、饱和度及其他因素干扰，从而更准确地找到降噪和细节之间的最佳平衡点。

综上所述，Lightroom 的降噪功能说明如表 2-5 所示。

表 2-5

功能	上下级关系	说明
明亮度降噪	一级	降低图像中的明亮度噪点，提高照片质量。高值降噪会更明显，但可能导致图像失真和细节丢失
细节	二级	控制在明亮度降噪过程中保留的细节水平。高值会保留更多细节，但噪点可能更明显。降噪和细节之间需要一个平衡点
对比度	二级	控制降噪过程中保留的对比度。高值会保留更多对比度，但噪点可能更明显。降噪和对比度之间需要一个平衡点
颜色降噪	一级	降低图像中的颜色噪点，提高照片质量。高值降噪会更明显，但可能导致图像失真和细节丢失
细节	二级	控制颜色降噪过程中保留的细节水平。高值会保留更多细节，但噪点可能更明显。降噪和细节之间需要一个平衡点
平滑度	二级	控制颜色降噪过程中的平滑度。高值会让图像更平滑，但可能损失细节。降噪和平滑度之间需要一个平衡点

降噪是一个非常简单的功能，但是对于摄影师的作用很大。

首先，降噪功能可以提高低光环境下的拍摄质量。在低光环境下拍摄时，摄影师往往需要提高相机的感光度，而高感光度会导致噪点的增加。降噪功能可以有效减轻这一问题，提高低光环境下的拍摄质量。

其次，降噪功能可以增加摄影师的创作自由度，使摄影师在更广泛的条件下拍摄，如长时间曝光、室内低光环境等。通过降噪处理，摄影师可以在后期修图阶段优化图像质量，拓宽创作领域。

最后，降噪功能在图像输出阶段也非常重要。无论是打印，还是在数字屏幕上展示作品，降噪都可以有效提升图像质量。

2.6 镜头校正

Lightroom 中的镜头校正功能主要分为配置文件和手动，如图 2-70 所示。通过这两个部分，摄影师可以解决镜头畸变、色差及其他问题，提升照片的质量和视觉效果。

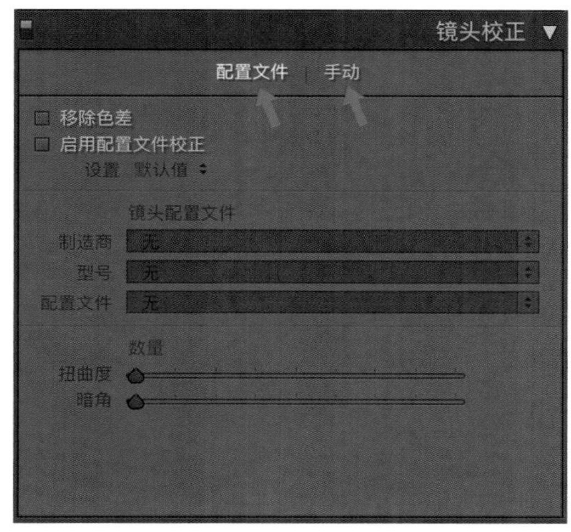

▲ 图 2-70

2.6.1 配置文件

配置文件是一种自动化镜头校正方法，使用预先建立的镜头校正配置文件来修正常见的镜头问题，如几何畸变、色差和暗角，如图 2-71 所示。

配置文件通常由镜头制造商或第三方机构提供，可以在 Lightroom 中自动或手动应用，快速、高效地校正镜头问题，节省时间和精力。通过使用配置文件功能，摄影师可以利用专业制造商的专业知识，确保校正的准确度，保持多张照片的一致性，使成组照片的修图效果更加统一。

配置文件可以基于预先设置的镜头参数，自动修正几何畸变、色差和暗角等常见的镜头问题。要使用该功能进行校正，摄影师需要先在 Lightroom 中导入相应的文件，然后选择“配置文件”选项，在“型号”下拉菜单中找到对应的镜头型号。此外，Lightroom 提供了自动检测镜头型号的功能，进一步简化了操作流程。

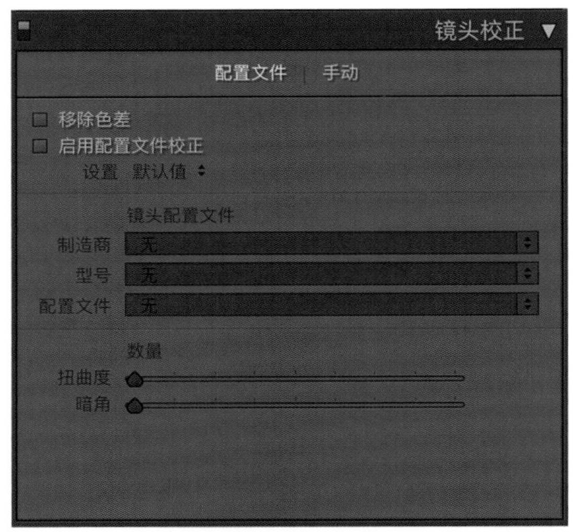

▲ 图 2-71

“镜头校正”面板中的参数大多数是自动选项，少数参数需要手动设置。

（1）移除色差

原理：色差是由于镜头在折射光线时，不同波长的光线无法同时汇聚到相同的焦点上导致的。移除色差功能主要针对横向色差（红色与蓝色之间的偏移）进行校正。

使用方法：在“镜头校正”面板中，勾选“移除色差”复选框。在一般情况下，启用此功能即可自动消除大部分色差。如果自动校正效果不佳，则可以进一步在手动模式下对色差进行调整。

（2）启用配置文件校正

原理：配置文件校正可以基于预先设置的镜头参数，自动修正几何畸变、色差和暗角等常见的镜头问题。

使用方法：在“镜头校正”面板中，勾选“启用配置文件校正”复选框，选择对应的制造商、型号和配置文件，让 Lightroom 根据镜头参数自动进行校正。

“镜头配置文件”选区会显示镜头配置文件。在勾选了以上两个复选框后，Lightroom 会自动匹配相机型号，只要不是特别冷门的相机，都会显示对应的镜头配置文件。

（3）镜头配置文件

制造商：相机镜头的制造商，如 Canon、Nikon 等。

型号：镜头的具体型号，以便 Lightroom 使用正确的镜头参数进行校正。

配置文件：根据需要，可以选择 Adobe 提供的通用配置文件或镜头制造商提供的专用配置文件。

（4）数量

“数量”选区用于对以上配置做手动补充和微调。

扭曲度：调整照片的几何畸变。向右拖动滑块可以减小镜头畸变，向左拖动滑块可以增大镜头畸变。在通常情况下，配置文件校正功能会自动处理畸变，手动调整功能仅在需要微调时使用。

暗角：调整照片边缘的亮度。向右拖动滑块可以减少暗角，向左拖动滑块可以增加暗角。与扭曲度类似，配置文件校正功能通常会自动处理暗角，手动调整功能仅在需要微调时使用。

综上所述，Lightroom 的配置文件说明如表 2-6 所示。

表 2-6

参数	原理	使用方法
移除色差	自动消除镜头引起的色差	勾选“移除色差”复选框，自动修正色差
启用配置文件校正	应用相机镜头预设的镜头参数，自动修正镜头畸变	勾选“启用配置文件校正”复选框，选择制造商、型号、配置文件，应用相应的镜头配置文件
镜头配置文件	包含镜头制造商、型号、配置文件选项的设置	选择相应的制造商、型号和配置文件
数量	调整扭曲度和暗角的校正程度	拖动“扭曲度”滑块和“暗角”滑块，正值增大校正程度，负值减小校正程度

Lightroom 的镜头校正功能可以通过配置文件自动校正镜头的几何畸变、色差和暗角等问题。在需要对照片做进一步的优化时，摄影师可以通过手动模式进行调整，理解这些参数的原理和使用方法有助于更好地进行后期修图。

2.6.2 手动

手动校正功能允许摄影师自行校正镜头的几何畸变、色差和暗角等问题，提供了更多的控制权和灵活性，使摄影师可以根据自己的需求和审美进行微调，如图 2-72 所示。

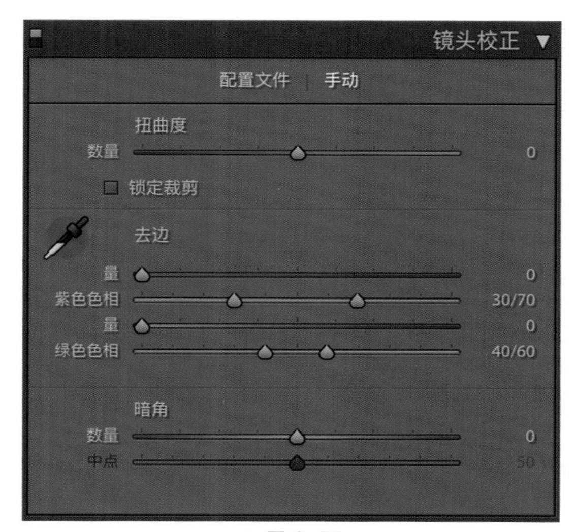

▲ 图 2-72

对摄影师来说，手动校正的效果可能因个人技巧和需求而异。具有丰富经验和独特审美的摄影师可能倾向于手动校正，以实现个性化的修图效果。

手动校正功能提供了更高的灵活性和控制度，摄影师可以根据具体情况，更精确地调整照片。

（1）扭曲度

原理：扭曲度用于调整图像的几何畸变，包括桶形畸变（正值）和枕形畸变（负值），可以影响图像中线条的弯曲程度，如使线条更直。

使用方法：拖动“扭曲度”滑块来调整畸变。正值消除桶形畸变，负值消除枕形畸变。勾选“锁定裁剪”复选框，Lightroom 会自动裁剪调整后的图像边缘。

（2）去边

原理：去边用于消除图像中的色差，分为紫色色相和绿色色相两部分，每部分都有“量”滑块可以调整。

使用方法如下。

吸管：单击“吸管”图标按钮，单击图像中的色差区域，Lightroom 会自动调整相应的色相和量。

紫色色相：拖动“紫色色相”滑块可以设置紫色去边的范围，“量”滑块用于控制去除程度。

绿色色相：与紫色色相相似，拖动“绿色色相”滑块可以设置绿色去边的范围，“量”滑块用于控制去除程度。

（3）暗角

原理：暗角用于调整图像边缘的明暗度，进一步优化画面的光线分布。暗角功能包括数量和中点两个参数，使用方法如下。

数量：拖动“数量”滑块来提高（正值）或降低（负值）暗角的明暗度。增加暗角可以使画面更具聚焦感，减少暗角可以使画面更均匀明亮。

中点：拖动“中点”滑块来调整暗角效果的辐射范围。值越小，暗角范围越广；值越大，暗角范围越窄。

综上所述，Lightroom 的手动校正功能说明如表 2-7 所示。

表 2-7

参数	原理	使用方法
扭曲度	调整图像的几何畸变（桶形畸变和枕形畸变）	拖动“扭曲度”滑块调整畸变，正值消除桶形畸变，负值消除枕形畸变；勾选“锁定裁剪”复选框，Lightroom 会自动裁剪调整后的图像边缘
去边	消除图像中的色差	单击“吸管”图标按钮，单击色差区域；分别调整“紫色色相”“绿色色相”滑块以设置去边范围；调整“量”滑块以控制去除程度
暗角	调整图像边缘的明暗度	拖动“数量”滑块来提高或降低暗角的明暗度；拖动“中点”滑块来调整暗角效果的辐射范围

2.7 变换

对摄影师来说，“变换”面板的作用非常大。拍摄过程中的透视失真、几何畸变等问题，可能会影响图像整体的质感和视觉效果。通过“变换”面板，摄影师可以轻松地校正这些问题，使作品呈现出更完美的视觉效果。此外，“变换”面板还可以帮助摄影师创作出具有特殊视觉风格的作品，展现个人独特的艺术风格，如图 2-73 所示。

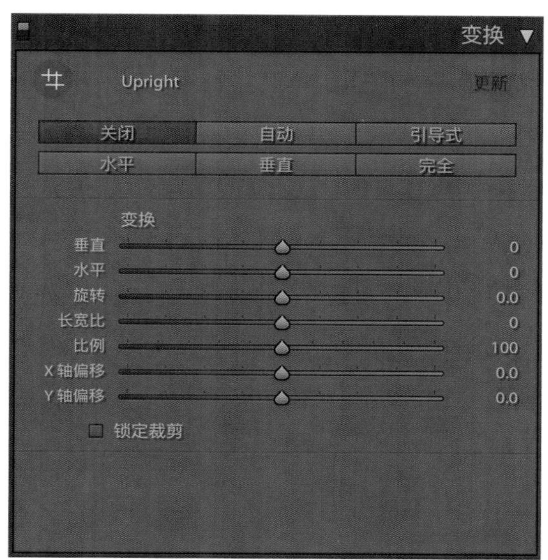

▲ 图 2-73

“变换”面板中主要包含两个部分：自动变换和手动变换。自动变换利用内置的算法，根据图像内容自动识别并校正拍摄时的镜头畸变，如透视失真、几何畸变等。手动变换则提供了一系列参数，让摄影师可以根据自己的需求，精确地调整图像的几何形状。

2.7.1 自动变换

自动变换的参数分别针对不同的拍摄场景和照片特点，可以帮助摄影师自动校正图像的透视失真和几何畸变。例如，建筑摄影中常见的垂直线收敛现象，只要单击对应的按钮就可以自动校正。

- 关闭：单击此按钮将不对图像进行任何几何形状的调整。
- 自动：利用内置的算法，根据图像内容自动识别并校正拍摄时的几何畸变。
- 引导式：允许摄影师手动在图像中绘制参考线，Lightroom将根据这些参考线自动调整图像的几何形状。
- 水平：主要针对图像中的水平线进行自动校正，确保水平线呈现出完美的水平状态。
- 垂直：主要针对图像中的垂直线进行自动校正，尤其适用于建筑摄影中的垂直线收敛现象。
- 完全：是一种综合模式，同时对图像的水平线和垂直线进行自动校正，确保图像的几何形状达到最佳状态。

综上所述，Lightroom 的自动变换功能说明如表 2-8 所示。

表 2-8

功能	原理	效果
关闭	不对图像进行任何几何形状的调整	无效果
自动	利用内置算法，根据图像内容自动识别并校正拍摄时的几何畸变	自动调整透视、镜头畸变等问题
引导式	允许摄影师手动在图像中绘制参考线，Lightroom 将根据这些参考线自动调整图像的几何形状	根据参考线调整图像的几何形状
水平	针对图像中的水平线进行自动校正	确保水平线呈现出完美的水平状态
垂直	针对图像中的垂直线进行自动校正	校正建筑摄影中的垂直线收敛现象
完全	同时对图像的水平线和垂直线进行自动校正	确保图像的水平线和垂直线达到最佳状态

2.7.2 手动变换

手动变换功能提供了更丰富和细致的调整参数，包括垂直、水平、旋转、比例、长宽比、X/Y 轴偏移等。摄影师可以通过对应的滑块，精确地调整照片的几何形状，创作出更符合自己要求的作品。

- 垂直：用于手动调整图像的垂直倾斜程度。向右拖动滑块会使图像的顶部向外扩展，底部向内收缩，减小垂直倾斜程度；向左拖动滑块会使图像的顶部向内收缩，底部向外扩展，增加垂直倾斜程度。
- 水平：用于手动调整图像的水平倾斜程度。向右拖动滑块会使图像的右侧向外扩展，左侧向内收缩，减小水平倾斜程度；向左拖动滑块会使图像的右侧向内收缩，左侧向外扩展，增加水平倾斜程度。
- 旋转：用于手动调整图像的角度，在拍摄照片却没有保持水平时非常有用。向右拖动滑块会使图像顺时针旋转，向左拖动滑块会使图像逆时针旋转。
- 比例：用于调整图像的大小，在从原始照片中裁剪出一部分时非常有用。向右拖动滑块会放大图像，向左拖动滑块会缩小图像。
- 长宽比：用于调整图像的长宽比，可以独立地拉伸或压缩图像的宽度或高度。向左或向右拖动滑块，可以在不改变图像总体大小的情况下改变其长宽比。
- X轴偏移：调整图像在水平方向（X轴）上的位置。向左或向右拖动滑块，可以微调图像在画布中的水平位置，使其更加符合构图要求。
- Y轴偏移：调整图像在垂直方向（Y轴）上的位置。向左或向右拖动滑块，可以微调图像在画布中的垂直位置，使其更加符合构图要求。

综上所述，Lightroom 的手动变换功能说明如表 2-9 所示。

表 2-9

功能	原理	效果
垂直	调整图像的垂直倾斜程度	校正建筑物或物体的垂直视角畸变
水平	调整图像的水平倾斜程度	校正由于拍摄角度引起的水平视角畸变
旋转	调整图像的角度，顺时针或逆时针旋转	旋转图像以达到水平或垂直对齐的目的
比例	调整图像的大小，放大或缩小	在保持图像长宽比的情况下调整其大小
长宽比	调整图像的长宽比	在不改变图像大小的情况下改变其长宽比
X 轴偏移	调整图像在水平方向上的位置	微调图像在画布中的水平位置，使其更加符合构图要求
Y 轴偏移	调整图像在垂直方向上的位置	微调图像在画布中的垂直位置，使其更加符合构图要求

手动变换功能可以让摄影师更精确地控制图像的视觉效果，并校正拍摄过程中产生的畸变，从而优化构图。

在尽可能地发挥创意或调整缺陷的同时，不要忘了功能不是独立存在的，功能与功能之间紧密联系，配合使用才能达到最佳效果。

（1）裁剪与变换的关系

变换操作可能导致画面边缘出现空白区域。这时可以直接勾选左下角的“锁定裁剪”复选框，对图像进行裁剪，以消除空白区域。请注意，锁定裁剪和变换操作相互影响，因此在进行这两种操作时要注意顺序和平衡，如图 2-74 所示。

▲ 图 2-74

（2）引导线辅助

在进行引导式变换时，利用 Lightroom 中的引导线辅助功能可以确保调整的准确性。在图像中拖动引导线以指示水平或垂直的参考线，Lightroom 将根据这些线自动调整图像。

先沿着歪斜的地方（亭子栏杆）平行拉一条竖线，再水平拉一条线，如图 2-75 所示。

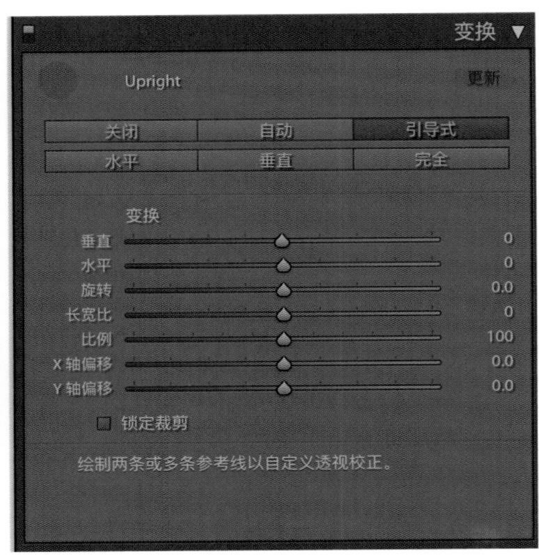

（a）

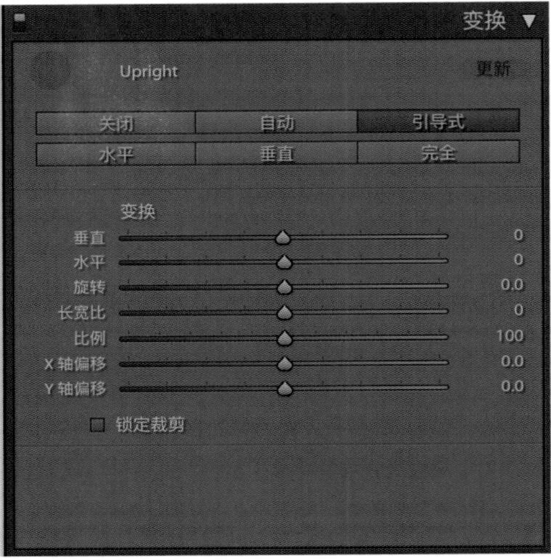

（b）

▲ 图 2-75

（3）避免过度变换

在使用“变换”面板时，请注意不要过度调整参数，以免画面失真。适度的变换可以改善画面效果，但过度的变换可能会让作品看起来不自然。

（4）与其他面板的协作

“变换”面板是后期制作的一个环节。在使用“变换”面板时，请注意与其他面板（如“基本”面板、“细节”面板和“镜头校正”面板等）的协作，以实现最佳的后期效果。

2.8 效果

“效果”面板主要包括两个部分：裁剪后暗角和颗粒。通过合理运用裁剪后暗角和颗粒功能，摄影师可以在后期修图阶段实现多种视觉效果，丰富作品的表现力，凸显个人风格。在拍摄人像、风光和商业等类型的照片时，“效果”面板会成为摄影师创作的得力助手。

2.8.1 裁剪后暗角

裁剪后暗角是 Lightroom 的一个重要的功能，通过在照片边缘添加渐变的暗角效果，强化照片的视觉焦点，增加画面的立体感和深度，如图 2-76 所示。

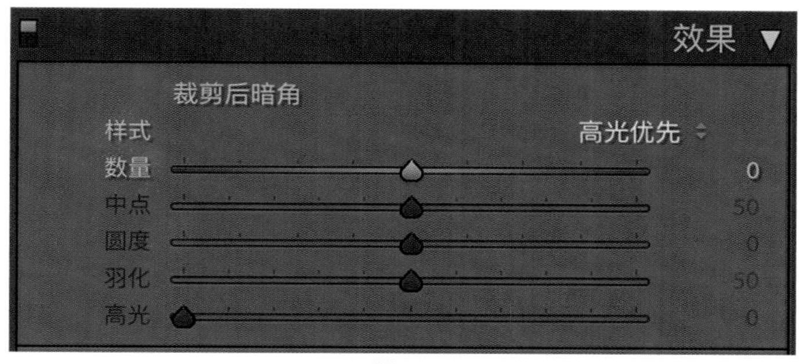

▲ 图 2-76

裁剪后暗角功能包含数量、中点、圆度、羽化和高光等参数以及样式选项（高光优先 / 颜色优先 / 绘画叠加）。

- 数量：数量是裁剪后暗角功能中最直观的参数，决定暗角的深浅。通过调整数量参数，摄影师可以控制暗角的强度。向左拖动“数量”滑块会让暗角更深，向右拖动会让暗角更浅。摄影师可以根据画面的风格和个人审美来选择合适的暗角强度。
- 中点：中点参数用于调整暗角的范围。向左拖动“中点”滑块会让暗角范围变小，向右拖动会让暗角范围变大。摄影师可以根据画面的主题和构图来调整暗角的范围，以便更好地引导观众的视线。
- 圆度：圆度参数决定暗角的形状。通过调整圆度参数，摄影师可以控制暗角的圆形程度。向左拖动“圆度”滑块会让暗角更接近矩形，向右拖动会让暗角更接近圆形。摄影师可以根据画面的主题和构图来选择合适的暗角形状，以实现不同的视觉效果。
- 羽化：羽化参数用于控制暗角过渡的平滑程度。通过调整羽化参数，摄影师可以实现从非常柔和到较为明显的过渡。向左拖动“羽化”滑块会减弱羽化效果，使暗角边缘更加明显；向右拖动会增强羽化效果，使暗角过渡更加自然。摄影师可以根据画面的风格和个人审美来选择合适的羽化程度。

- 高光：高光参数允许摄影师保留暗角区域中的高光细节。向右拖动“高光”滑块会在暗角区域保留更多的高光细节，从而使画面更加丰富和立体。这个参数在处理具有较强对比度的场景时非常实用，可以避免暗角效果压制画面的高光部分。
- 样式选项如下。

高光优先：高光优先样式注重保留暗角区域的高光细节。

颜色优先：颜色优先样式注重保持暗角区域的颜色饱和度。

绘画叠加：绘画叠加样式通过模拟胶片暗角效果来增强画面的质感。

综上所述，Lightroom 的裁剪后暗角功能说明如表 2-10 所示。

表 2-10

功能	原理	效果
数量	控制暗角的强度	增大 / 减小暗角的明暗度
中点	控制暗角边缘到画面中心的距离	使暗角范围更大 / 小
圆度	控制暗角的形状	使暗角形状更圆润 / 方正
羽化	控制暗角过渡的平滑程度	使暗角过渡更自然 / 明显
高光	控制暗角区域高光细节的保留程度	在暗角区域保留更多 / 少的高光细节
高光优先	优先关注暗角区域的高光细节	使暗角效果在保留高光细节方面更优秀
颜色优先	优先关注暗角区域颜色的一致性	使暗角效果在保持颜色一致性方面更优秀
绘画叠加	模拟绘画中的叠加效果，形成更自然且有质感的暗角效果	提供一种独特的、具有绘画感的暗角效果

小贴示

2.6 节中提到的暗角功能，在本节中又出现了，那么它们是一样的吗？很明显它们是不一样的，那么区别又在哪里？

虽然这两个暗角功能都涉及图像四周亮度的变化，但它们的原理和目的不同。

“镜头校正”面板中的暗角：主要调整针对镜头产生的暗角问题。镜头暗角是由于光学原因，如光线在镜头边缘逐渐减弱导致的。该功能通过预先创建的镜头配置文件或手动调整，对暗角现象进行校正，使图像的亮度在各个区域更加均匀。这种调整主要依赖于已知的镜头特性，以实现最佳的校正效果。

“效果”面板中的暗角（裁剪后暗角）：主要用于达到创意和艺术性目的。在“效果”面板中添加暗角，其实是通过对图像边缘亮度进行手动调整，以达到强调主题、营造氛围或提升艺术感等目的的过程。这种调整更多地依赖于摄影师的个人审美和需求，摄影师可以根据实际情况灵活调整暗角的参数。

综上所述，“镜头校正”面板中的暗角功能主要用于校正镜头产生的暗角问题，而“效果”面板中的暗角功能用于达到创意和艺术性的目的。

2.8.2　颗粒

颗粒效果在数字摄影后期处理中具有特殊的地位。尽管许多摄影师在拍摄过程中努力避免噪点和颗粒，但在某些情况下，颗粒效果可以赋予图像一种独特的质感和氛围。在 Lightroom 中，颗粒的相关参数如图 2-77 所示。

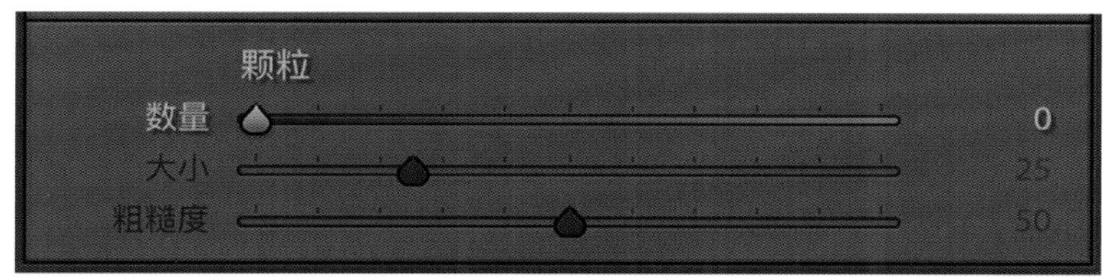

▲ 图 2-77

- 数量：数量指的是颗粒的浓度，即图像中的颗粒数量。数量的值越大，颗粒的浓度越高，图像中的颗粒效果越明显，反之颗粒效果越不明显。数量的调整取决于摄影师的艺术诉求，以及期望产生的视觉效果。
- 大小：大小参数用于控制颗粒的尺寸。当调整大小的值时，颗粒的大小将相应变化。较大的颗粒会使图像看起来更具复古风格，而较小的颗粒会使图像更具精细质感。摄影师可以根据作品的主题和氛围来选择合适的颗粒大小。
- 粗糙度：粗糙度参数影响颗粒的形状和分布。较高的粗糙度会使颗粒之间的分布更加分散和不规则，从而呈现出更自然和真实的颗粒效果；较低的粗糙度会使颗粒更加平滑和均匀。摄影师可以根据作品的风格和个人喜好来调整粗糙度。

在 2.5 节中，我们学会了降噪，在这里要学习如何加入噪点。

在摄影的世界里，噪点和颗粒似乎是一对矛盾的存在。摄影师在拍摄过程中努力追求画质的纯净与清晰，试图消除烦人的噪点。然而，摄影师在后期修图阶段，有时需要加入颗粒效果，为图像增添一种独特的质感。这种看似矛盾的现象，其实正是摄影艺术的奥妙。

避免噪点的初衷在于追求画质的纯净。在拍摄过程中，摄影师希望捕捉到的画面能够真实、生动地呈现现实世界。然而，噪点就像是画布上的污渍，使画面失去了原本的清晰度。因此，摄影师在拍摄时会努力避免噪点，以求照片能够更好地呈现真实世界的美好。

然而，摄影艺术不只是对现实的模仿与记录，更是一种情感与想象的表达。有时，摄影师在后期修图阶段加入颗粒效果，正是为了唤起观众的情感共鸣，让照片更具故事性与艺术感。颗粒效果像是岁月的痕迹，把观众带回那段遥远的时光，感受历史的厚重与温度。

适当地加入颗粒效果，可以模拟古早的胶片效果，可以如同为照片增加了岁月的痕迹。这种微妙的变化，使得作品更具表现力和诗意，触动观众的内心深处，如图 2-78 所示。

▲ 图 2-78

综上所述，在拍摄时努力避免噪点，以追求画质的纯净；而在后期修图阶段加入颗粒效果，是为了唤起观众的情感共鸣，让照片更具故事性与艺术感。这种看似矛盾的现象，正是摄影艺术最具魅力的地方。

2.9 校准

Lightroom 中的“校准”面板提供了更细腻的色彩调整手段。

“校准”面板主要用于对图像中的红色、绿色和蓝色三原色通道进行微调，让摄影师可以对色彩进行精细的调整。通过调整红色、绿色和蓝色通道的色相和饱和度，摄影师可以塑造独特的色调和氛围，为作品赋予丰富的情感表现力。

Lightroom 的“校准”面板主要包含两部分：处理版本和原色调整，如图 2-79 所示。接下来将详细介绍校准功能的原理、方法及效果。

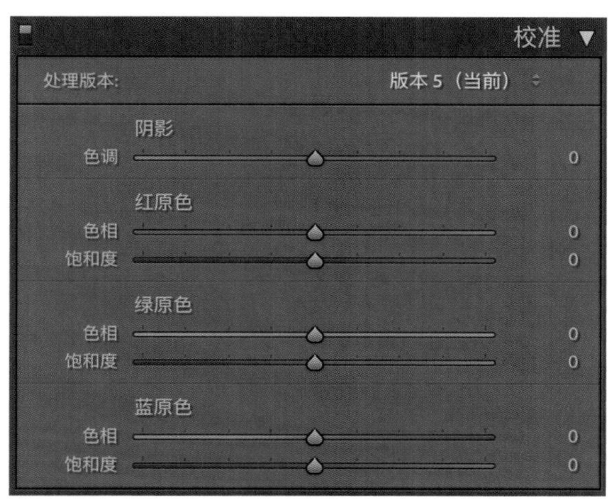

▲ 图 2-79

- 处理版本：处理版本提供了不同的算法和技术，以处理图像的色彩、明暗等信息。版本1～5分别代表Lightroom在不同阶段的发展。版本5采用Lightroom Classic CC中的最新算法，相较于之前的版本，它在色彩处理、动态范围、降噪、锐化等方面表现出了更高的水平，这使得摄影师在后期能够进行更精细的调整。
- 阴影：阴影参数用于调整图像中阴影区域的色调。通过拖动“色调”滑块，为阴影区域添加绿色或紫色调，以实现更具个性化的色彩效果。
- 红原色：红原色参数用于调整红色通道的色相和饱和度。调整色相参数可以改变红色通道中的基本色调，调整饱和度参数可以控制红色通道中颜色的强度，让图像的红色部分更符合摄影师的审美和要求。
- 绿原色：绿原色参数类似于红原色参数，针对的是绿色通道。通过调整绿色通道的色相和饱和度，摄影师可以精细控制图像绿色部分的色调和饱和度，为图像赋予更丰富的色彩层次。

- 蓝原色：蓝原色参数与红、绿原色参数类似，作用于蓝色通道。摄影师可以通过调整蓝色通道的色相和饱和度，塑造出独特的蓝色调，为图像增加视觉吸引力。

Lightroom 的校准功能说明如表 2-11 所示。

表 2-11

功能	原理	效果
处理版本	根据需求选择不同的处理版本，以应用相应的图像处理算法	不同版本会影响图像整体的表现，默认使用最新版本
阴影（色调）	调整阴影区域的色调	修改阴影区域的色调，增加色彩层次感
红原色（色相 / 饱和度）	调整红色通道的色相和饱和度	改变红色通道，调整特定的颜色
绿原色（色相 / 饱和度）	调整绿色通道的色相和饱和度	改变绿色通道，调整特定的颜色
蓝原色（色相 / 饱和度）	调整蓝色通道的色相和饱和度	改变蓝色通道，调整特定的颜色

小贴士

红色、绿色和蓝色通道在“校准”面板和“曲线”面板中都存在，它们的区别是什么？

“校准”面板中的通道：主要针对相机的原始色彩响应，调整原色（红、绿、蓝）通道的色相和饱和度，以改变整个图像的色彩关系。

“曲线”面板中的通道：主要针对亮度和颜色之间的关系，通过在各个通道上绘制曲线，对特定亮度范围的颜色进行调整。

虽然它们都涉及红色、绿色和蓝色通道的调整，但“校准”面板和“曲线”面板中的通道调整具有不同的目标和方法。“校准”面板中的通道主要改变照片中单一色彩表现，“曲线”面板中的通道侧重于颜色和亮度之间的关系。

综上所述，“校准”面板和“曲线”面板中通道调整的区别如表 2-12 所示。

表 2-12

面板	通道	调整目标	调整方法	示例
校准	红、绿、蓝原色	整个图像的色彩关系	调整原色通道的色相和饱和度	为后期修图提供基础色彩映射
曲线	红、绿、蓝通道	图像中各通道的明暗关系	调整各通道的曲线以改变通道的亮度值	增强图像的蓝色部分，使其更明亮

小贴士

“校准”面板中的色相和饱和度与“HSL/ 颜色”和“分离色调”面板中的色相和饱和度又有何区别呢？

“校准”“HSL/ 颜色”“分离色调”面板中色相和饱和度的调整方法和目的各不相同。

“校准”面板：主要针对相机的原始色彩响应，调整原色（红、绿、蓝）通道的色相和饱和度，以改变整个图像的色彩关系。这个过程主要调整图像的基本色彩映射，为后期修图提供基础色彩映射。

“HSL/颜色”面板：通过色相、饱和度和明亮度，对图像的特定颜色或颜色范围进行精确的调整。例如，调整图像中蓝色的饱和度，不会影响其他颜色。

“分离色调”面板：主要用于调整图像中阴影、中间调和高光区域的色彩，可以为图像的不同亮度区域分别赋予独特的色调。例如，在阴影区域添加暖色调，同时在高光区域保留冷色调。

虽然这3个面板都涉及色相和饱和度，但它们的调整目标和方法各有特点。“校准”面板调整整体色彩关系，“HSL/颜色”面板针对特定颜色进行调整，而“分离色调”面板关注阴影、中间调和高光区域的颜色。

综上所述，“校准”“HSL/颜色”“分离色调”面板中色相和饱和度的区别如表2-13所示。

表2-13

面板	调整目标	调整方法	示例
校准	整个图像的色彩关系	调整原色（红、绿、蓝）通道的色相和饱和度	为后期修图提供基础色彩映射
HSL	对特定颜色或颜色范围进行精确的调整	调整图像的特定颜色或颜色范围的色相、饱和度和明亮度	仅调整图像中蓝色的饱和度，而不影响其他颜色
分离色调	图像中阴影、中间调和高光部分的颜色	为图像的不同亮度区域分别赋予独特的色调	在阴影区域添加暖色调，同时在高光区域保留冷色调

2.10 蒙版及其他

Lightroom直方图的下方有一个小的操作面板，如图2-80所示，包含调整画笔、径向滤镜、渐变滤镜、红眼校正及污点去除。这些工具被集中在一起是因为它们都属于局部调整的范畴，我们暂且将它们称为“蒙版及其他”。

▲ 图2-80

之所以把它们放到本章的最后来说，是因为它们的调整方式和参数跟上文有很多重合，只是它们作用于蒙版区域。

2.10.1 调整画笔

调整画笔是一个强大且灵活的局部调整工具。使用调整画笔在图像上绘制出精确的控制区域，可以有针对性地对图像局部的色彩、曝光、对比度等参数进行调节。

1．画笔功能解析

单击“调整画笔”图标按钮，展开下拉菜单，如图 2-81 所示。

通过调整画笔，摄影师能够打破全局调整的限制，更精确地操控图像的细节。无论是增强阳光下树木的光影层次，还是强调建筑物的线条与纹理，调整画笔都能让摄影师在创作过程中尽情发挥才华，展现其独特的艺术风格。

值得注意的是，调整画笔有一个可选的功能——使用微调，如图 2-82 所示。

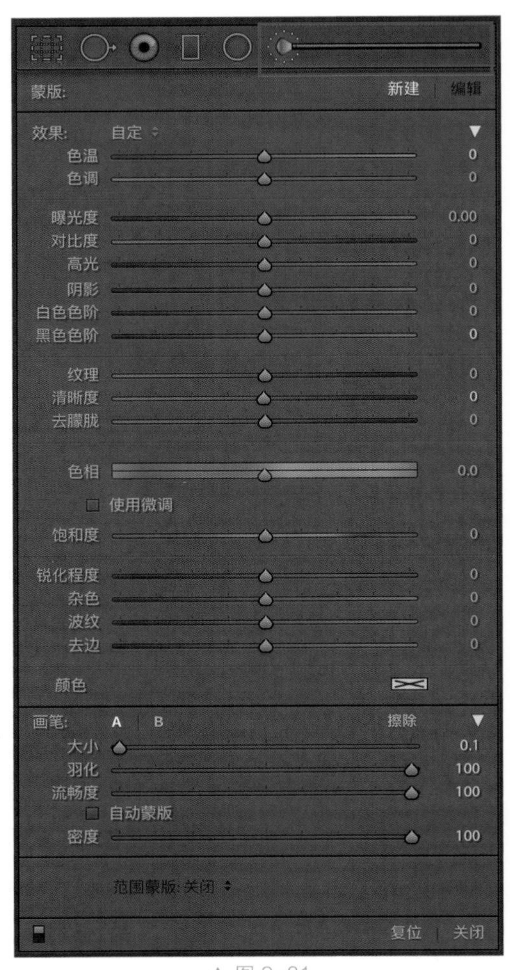

▲ 图 2-81

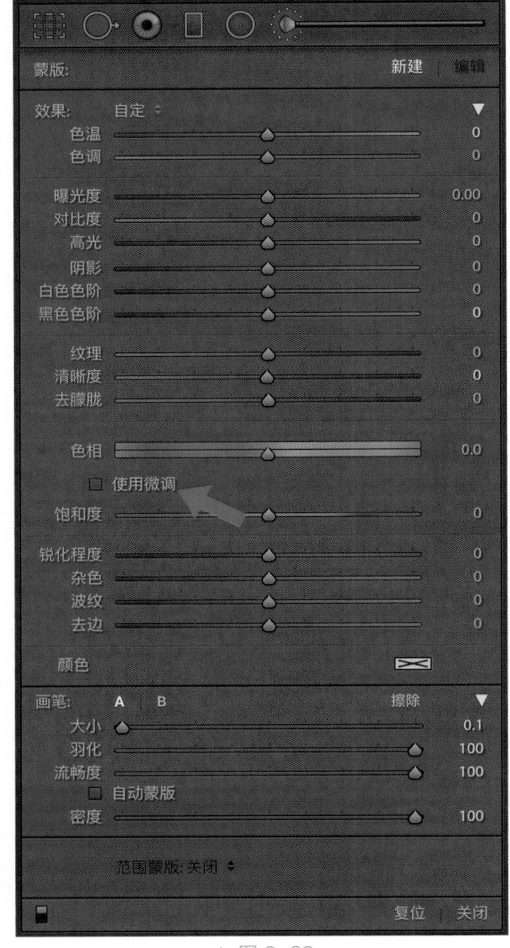

▲ 图 2-82

使用微调是调整画笔的一个高级功能，可以帮助摄影师在涂抹时更精确地选择和应用局部调整，从而创作出更完美的作品。当启用使用微调功能时，Lightroom 会自动检测图像的边缘和颜色变化，并在绘制过程中避免超出边缘，从而实现对特定区域的精确调整。

使用微调功能适用于具有明显边缘和颜色差异的区域，如天空与地面、建筑物与背景等。在这些情况下，使用微调功能可以让摄影师更轻松地对特定区域进行精细调整，而不必担心调整溢出到其他区域，因为它不会直接影响参数的数值，仅仅影响调整画笔的涂抹区域。

“画笔”选区中的 A/B 选项代表两个独立的调整画笔。摄影师可以使用这两个画笔分别存储不同的参数设置，以便在进行局部调整时快速切换。这有助于提高工作效率，尤其是在需要频繁切换不同调整参数的情况下。

- 大小：调整画笔的大小，影响涂抹区域。使用方括号键（[和]）快速调整画笔大小。
- 羽化：调整画笔边缘的柔和程度。数值越大，涂抹区域与周边区域的过渡越平滑。
- 流畅度：调整画笔涂抹强度。
- 擦除工具：消除或修改之前所涂抹的区域。擦除工具同样具有大小、羽化、流量和密度等参数，可以帮助摄影师精确地擦除不需要的调整区域。
- 自动蒙版：在勾选此复选框后，调整画笔将自动识别并保护周边区域。这在需要精确涂抹特定区域，避免影响周边区域时非常有用。
- 范围蒙版：进一步细化局部调整的范围，基于颜色或亮度对涂抹区域进行筛选。
- 颜色：通过吸管选取图像中的颜色，设定颜色范围。
- 数量：控制颜色容差，数值越大，选取的颜色范围越广泛。
- 明亮度：根据图像的亮度值来筛选涂抹区域。
- 显示明亮度蒙版：更直观地显示明亮度蒙版所影响的区域。在勾选此复选框后，受影响的区域将被红色覆盖层标识，有助于在调整明亮度范围蒙版参数时，更清晰地了解其实际效果。
- 范围：设定亮度范围，允许摄影师根据像素的亮度值来选择涂抹区域。拖动滑块可以缩小或扩大受影响的亮度范围。
- 平滑度：控制过渡区域的柔和程度。数值越高，涂抹区域与周边区域的过渡越平滑，从而避免出现明显的边缘效果。

综上所述，Lightroom 的“画笔”选区说明如表 2-14 所示。

表 2-14

功能	原理	效果
A/B 选项	两组独立的画笔预设	切换不同的画笔设置，方便在不同场景中快速调整
大小	调整画笔大小	改变画笔涂抹范围
羽化	调整画笔边缘的柔和程度	让画笔涂抹区域与周边过渡更自然
流畅度	调整画笔涂抹强度	调整涂抹效果的渐进程度，可以多次叠加
自动蒙版	智能识别并保护边缘区域	防止涂抹效果溢出到不需要调整的区域
显示明亮度蒙版	查看明亮度蒙版所影响的区域	以红色覆盖层标识受影响区域，方便调整明亮度范围和平滑度参数
范围	设定亮度范围	选择涂抹区域的亮度值范围
平滑度	控制过渡区域的柔和程度	调整涂抹区域与周边区域的过渡效果

此外，还有一些特殊参数需要说明。

- 多个调整画笔：在同一张图像上使用多个调整画笔，对不同区域应用不同的参数调整。单击“新建”按钮，创建一个新的调整画笔。摄影师可以随时选择并编辑已有的调整画笔，以便对其进行修改。

▲ 图 2-83

- 快捷键：熟练掌握一些常用的快捷键，可以提高调整画笔的使用效率。例如，按住空格键并拖动鼠标可以移动图像，使用方括号键（[和]）可以调整画笔大小，按住Shift键并拖动鼠标可以改变羽化程度。

2．无花果案例

将图 2-83 中无花果以外的区域改成黑白的。

观察图 2-83 可以发现，画面的主体颜色与多处背景颜色混合，且颜色相似，要想只保留一个无花果的颜色，可以使用调整画笔。

使用调整画笔，先涂抹需要调整成黑白色的区域，根据自己的需求，尽量涂抹精细；然后将饱和度参数调整为 0；最后单击“完成”按钮，如图 2-84 所示。

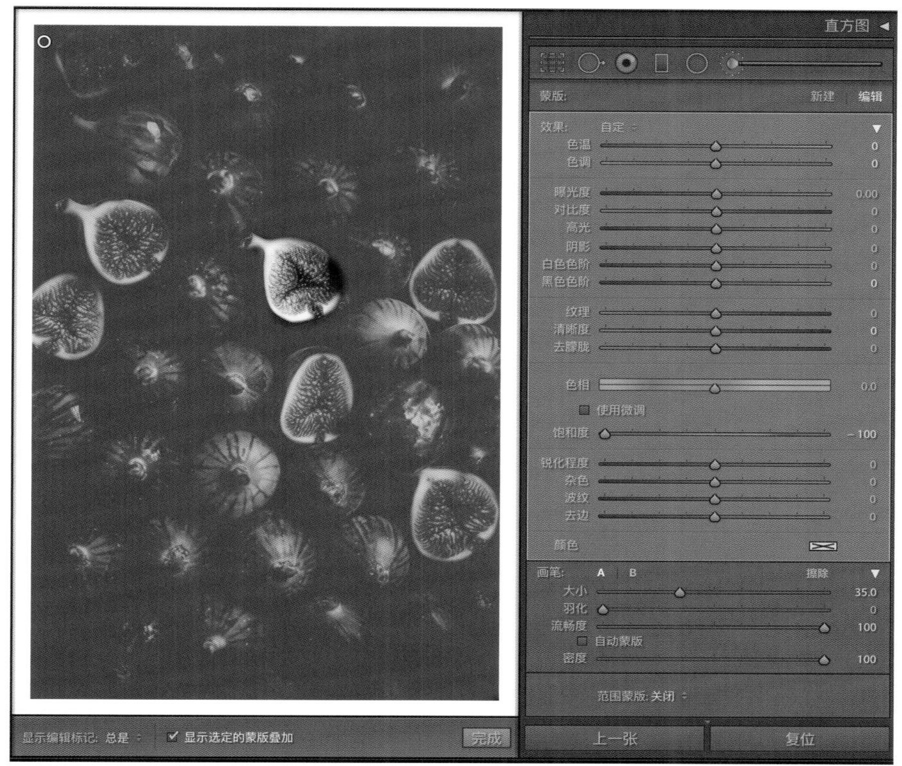

▲ 图 2-84

最终效果如图 2-85 所示。

▲ 图 2-85

2.10.2 径向滤镜

径向滤镜是 Lightroom 中一种以椭圆形为基础的局部调整工具。单击“径向滤镜”图标按钮，展开下拉菜单，如图 2-86 所示。

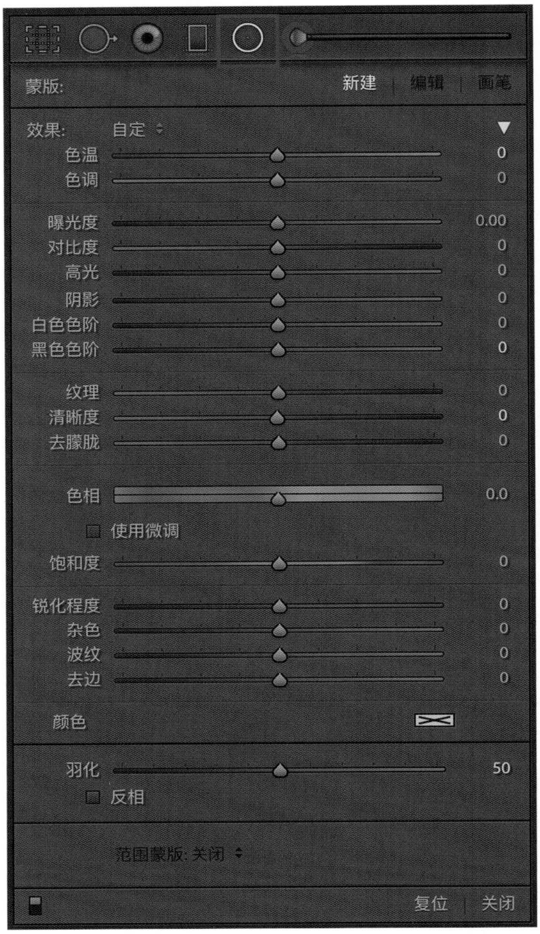

▲ 图 2-86

径向滤镜用于在图像的特定椭圆(圆形)区域内进行局部的亮度、色彩和细节调整，同时保持其他区域的原始状态。这个工具的主要目的是突出特定区域，如将观众的注意力引导到图像中的主体上，或者调整特定区域的明暗和色调。它的参数和调整画笔相似，不同的是调整的范围、形状、区域。

径向滤镜的使用方法如下。

第 1 步：单击“径向滤镜”图标按钮。

第 2 步：在图像上单击并向上拖动以创建一个椭圆形区域，可以自由调整椭圆的大小、羽化、形状和位置。

第 3 步：调整椭圆区域内的各种参数，如对比度、色调、饱和度等。

第 4 步：勾选“反相”复选框，滤镜的影响将反转，原本应用于椭圆区域内的调整将会应用于椭圆区域之外，反之亦然。

要想创建更多的径向滤镜，只需重复第 2 步。

勾选“反相”复选框，可以根据需要快速地在椭圆区域内外之间切换调整效果，从而实现更灵活的局部调整。这对于需要在不同区域实现相反效果的场景尤为实用，如在明亮背景下凸显主题，在暗部加强细节等。

需要注意的是，虽然径向滤镜是一个强大且灵活的调整工具，但在使用时应注意保持效果的自然和谐，避免图像产生不自然的视觉效果。

2.10.3 渐变滤镜

渐变滤镜是 Lightroom 中的一个局部调整工具，允许摄影师在图像上创建一个平滑的渐变区域，以实现不同的调整效果，如图 2-87 所示。

渐变滤镜的参数和径向滤镜相似，不同的是调整的范围、形状、区域。

渐变滤镜的使用方法如下。

第 1 步：定义一个渐变区域。渐变滤镜有 3 条控制线，分别表示滤镜效果的开始、过渡和结束。开始线表示滤镜效果的最大强度，结束线表示滤镜效果完全消失，过渡线表示滤镜效果逐渐减弱。

第 2 步：调整与“基本”面板相似的参数，如曝光度、对比度、高光、阴影、白色色阶、黑色色阶、清晰度、去朦胧等。这些调整将在已经定义的渐变区域内应用。

渐变滤镜在后期处理中具有重要作用，尤其是在平衡图像中不同亮度的区域时。

渐变滤镜特别适用于天空、地面及其他自然过渡区域，如降低天空的明亮度，使其与地面的亮度更加协调。此外，渐变滤镜也可以用于增强色彩、提高对比度或强调某个区域的细节。

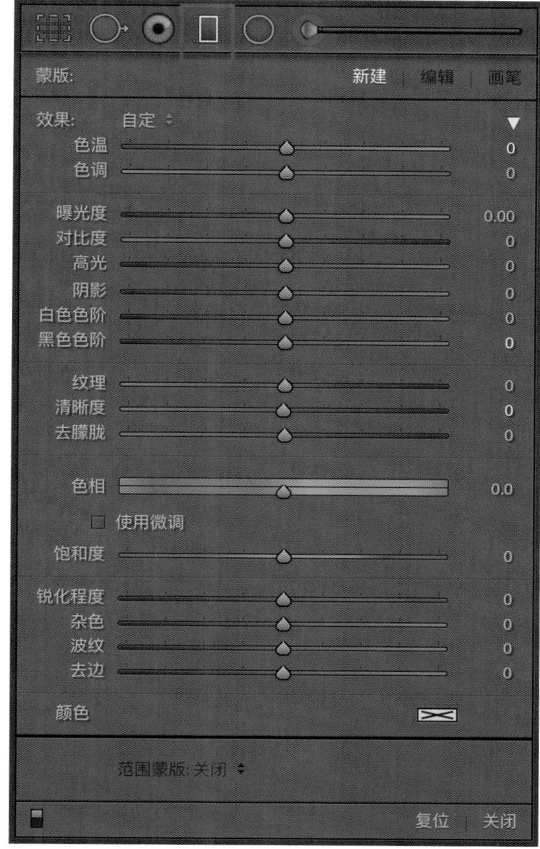

▲ 图 2-87

2.10.4　污点去除

污点去除是一个非常实用的后期修图工具，主要用于去除照片中的污点、灰尘、皱纹等细节。通过这个工具，摄影师可以轻松地清除影响画面美感的元素，提升照片整体的质量，如图 2-88 所示。

污点去除主要使用图像处理技术，包括两种模式——仿制（Clone）和修复（Heal），如图 2-89 所示。

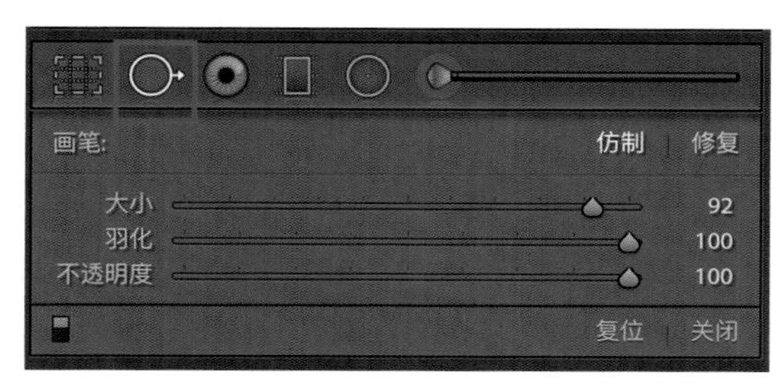

▲ 图 2-88

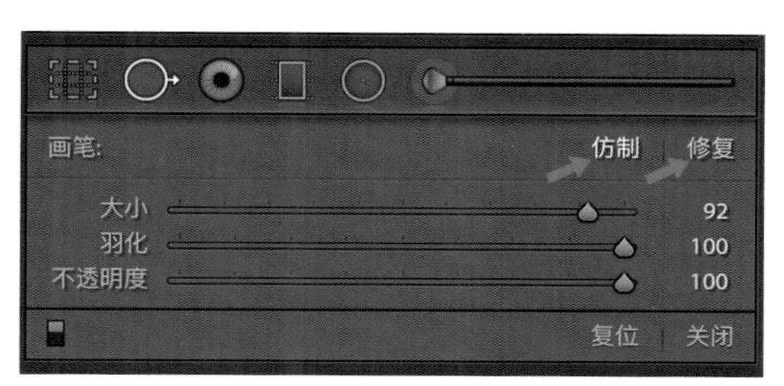

▲ 图 2-89

根据用户选择的模式（仿制或修复），污点去除会从源区域获取像素信息，并将其应用到目标区域。不同的模式会在处理像素信息时采用不同的方法。

仿制模式会复制源区域的像素，并将其覆盖在目标区域上。这种模式相当于 Photoshop 中的仿制印章。修复模式会分析源区域的纹理、颜色和亮度，并在目标区域进行相应的调整。这种模式相当于 Photoshop 中的污点修复。

在使用污点去除时，通过调整大小、羽化和不透明度参数实现更精确的调整。大小参数用于调整修复画笔的直径，羽化参数用于控制画笔边缘的柔和程度，不透明度参数可以调整修复区域与原始区域的融合程度。

污点去除的使用方法如下。

第 1 步：选择工具。在 Lightroom 中，单击右上角工具栏中的“污点去除”图标按钮（按 Q 键）。

第 2 步：选择。“仿制”或“修复”选项。仿制是指完全复制所选位置的图案，是对定义点图案的完全照搬。修复会加入绘制目标点的纹理光影等元素，对于水果上的疤痕、皮肤上的斑点及其他地方的脏污，都可以用修复模式。图 2-90 中咖啡水面有些许灰尘，对其进行修复。

▲ 图 2-90

第 3 步：调整参数。根据需要，调整污点去除画笔的大小、羽化和不透明度等参数。画笔的大小根据疤痕的大小来调整，一般要比疤痕大，如图 2-91 所示。

- 大小：调整画笔直径，以覆盖需要修复的区域。
- 羽化：调整画笔边缘的柔和程度，以实现更自然的过渡。

- 不透明度：调整修复区域与源区域的融合程度，以实现更自然的修复效果。

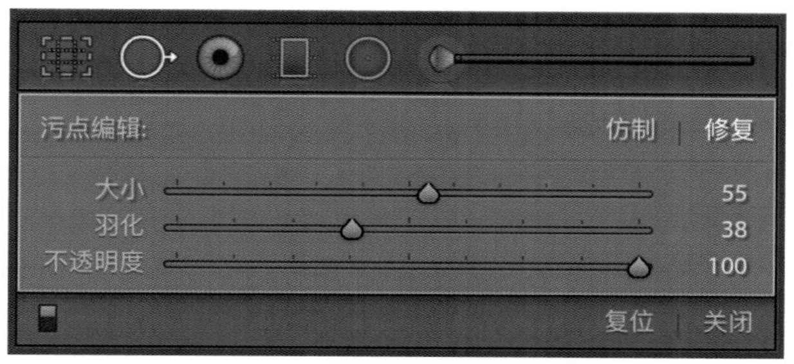

▲ 图 2-91

第 4 步：选择源区域。将鼠标放在需要修复的区域上，单击鼠标左键。这时，Lightroom 会自动为目标区域选择一个源区域。若有需要，可以手动调整源区域的位置，以获得更好的修复效果。单击并拖动源区域，将其移动到合适的位置上。同时按住 Ctrl 键，拖动光标到目标区域即可。如果在单击修复点时不按住 Ctrl 键，则 Lightroom 会自动匹配与拖动长度相同的污点修复，如图 2-92 所示。如果图像中有多个污点需要修复，则可以重复上述步骤，逐一进行修复。

▲ 图 2-92

第 5 步：完成修复。单击“完成”按钮或按 Q 键，关闭污点去除。

此外，在使用污点去除的时候还有一些值得注意的地方，即选择合适的模式、参数及源区域，它们将直接影响修复效果的自然程度。

（1）选择合适的源区域

在修复过程中，尽量选择与目标区域纹理、颜色和亮度相似的源区域，以获得更自然的修复效果。

（2）从简到繁

在修复复杂纹理区域时，先修复简单区域，再逐步处理复杂区域，这样可以避免一开始就对复杂区域进行大幅度修改而导致修复效果不佳的情况。

（3）适当使用不透明度

在修复过程中，适当调整不透明度参数，可以让目标区域与周边区域更好地融合，避免出现明显的修复痕迹。

不管如何，好的效果都要靠不断摸索，尽量多尝试才能熟练掌握技巧。

2.10.5 红眼校正

红眼校正是 Lightroom 中的一个修复工具，主要用于消除因闪光灯导致的红眼现象，如图 2-93 所示。

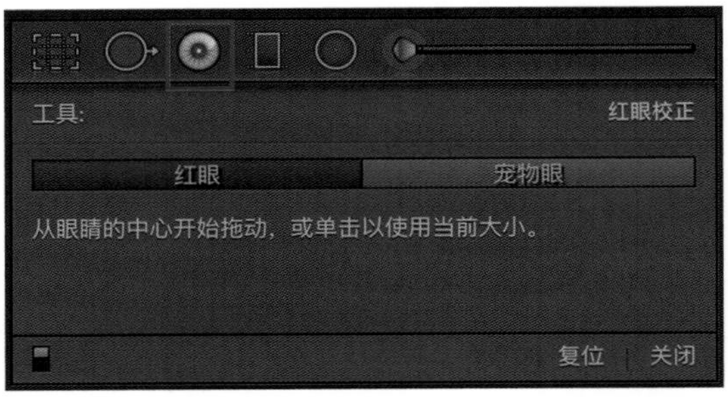

工具: 红眼校正
红眼 宠物眼
从眼睛的中心开始拖动，或单击以使用当前大小。
复位 关闭

▲ 图 2-93

红眼现象通常在带闪光灯拍摄人像照片时出现，当闪光灯光线直接照射到被摄者的眼睛时，视网膜会反射出红色光线，使眼睛呈现红色。

在使用红眼校正时，如果发现自动修复的效果不理想，则可以手动调整矩形框的大小和位置，以便更准确地选中红眼区域。

对于一些复杂的红眼现象，可能需要结合其他工具进行修复。例如，红眼区域的颜色过于明显或与周围区域有很大差异，可以使用调整画笔进行局部调整，使眼睛的颜色更自然。

在使用红眼校正时，尽量确保照片的分辨率足够高，以便在修复过程中保留细节。在低分辨率的照片上进行红眼修复可能导致修复效果不佳，甚至降低照片的质量。

综上所述，在使用红眼校正效果不理想的情况下，要灵活运用其他工具，并根据实际情况进行调整，以获得最佳的修复效果。

第3章 实战演练——静物美食

美食摄影可以说是视觉与味觉的盛宴，如今逐渐成为一种艺术，能让观众通过细腻的画面感受美食的魅力。美食摄影的后期修图是这场视觉与味觉盛宴的调色盘，摄影师如同厨师，需要在后期修图中展示其匠心独运之处，让作品更加完美。

“大道至简”，保持真实性是美食摄影后期修图的核心。在进行后期处理时，摄影师应遵循自然之道，避免过度修饰，让食物的质地、颜色和形态恰到好处地呈现在观众眼前。这是一种对美的尊重，也是对食物本身的敬意。

色彩是美食摄影的灵魂，其层次和丰富度是令观众陶醉其中的最重要的原因。西式甜点等食物特别注重色彩的表现，因此在进行后期处理时，要通过调整色调、饱和度和对比度等参数，唤醒画面中“沉睡”的色彩，让每一道佳肴都散发出令人陶醉的魅力，如图 3-1 所示。

（a）

（b）

▲ 图 3-1

光影是美食摄影的魔法。即便前期拍摄中光影效果欠佳，在后期修图过程中也可以通过调整高光、阴影和曲线等参数，营造出理想的氛围，使简单的食物在光影的映照下呈现出不一样的视觉艺术效果。这是一种对光影的驾驭，也是对美的诠释，如图 3-2 所示。

细节处理是美食摄影后期修图的点睛之笔。食物的美味需要通过照片的质感来呈现。在很多需要突出食物质感的照片中，可以通过对锐化、降噪和局部调整等技巧的运用，最大限度地呈现食物的质感，让观众感觉食物仿佛就在眼前，同时使画面更加精致，如图 3-3 所示。

（a）　　（b）

▲ 图 3-2

（a）　　（b）

▲ 图 3-3

在美食摄影后期修图中，不能忽视作品的传达力。美食摄影的最终目的是唤起观众的味觉、视觉和情感的共鸣。因此，摄影师应该时刻关注照片整体的表现，确保其既具有视觉冲击力，又能将美食的诱人之处展示得淋漓尽致。

本章将美食摄影后期处理分为干净的亮调、浓郁的暗调和丰富的中调三部分，这样的划分有助于读者更好地理解各种调性在美食摄影中的应用，根据不同的食物和场景选择合适的调性，以及掌握不同调性下的美食摄影后期修图技巧。

3.1 干净的亮调

在摄影领域中，亮调是指照片中明暗度的分布及其所产生的视觉效果。调整亮调可以赋予作品独特的氛围和情感，是摄影师在创作过程中重要的表现手法之一。

在美食摄影中，亮调尤为重要，因为它直接影响食物的质感、新鲜度和口感的表现力。适当的亮调可以突出食物的质地、色彩和层次，使其更加诱人。以水果和蔬菜为例，通常需要明亮、清新的亮调来表现它们的新鲜度和天然美味。在这种情况下，高亮区域的细节和色彩饱和度尤为重要，如图 3-4 所示。

(a)

(b)

▲ 图 3-4

（c）

（d）

▲ 图 3-4（续）

对于烘焙食品等色调温暖的美食，柔和、温馨的亮调更能展现其诱人的口感和香气。此时，保持暖色调的柔和程度和细腻质感至关重要，如图 3-5 所示。

（a）

（b）

▲ 图 3-5

（c）

（d）

▲ 图 3-5（续）

在实际拍摄中，摄影师需要根据不同的美食场景和拍摄条件调整亮调。例如，在自然光下进行拍摄时，摄影师需要注意光线的方向和强度，利用反光板、遮光板等道具来调整光线，以实现理想的亮调效果；在室内低光环境下进行拍摄时，摄影师需要借助软箱、闪光灯等人造光源，创造出自然、柔和的光影效果。

在拍摄不同类型的美食时，摄影师需要根据食物的特点和拍摄主题来选择合适的亮调处理方法。例如，在拍摄冰淇淋时，要突出乳脂丝滑的质感，可以凑近拍摄特写，如图 3-6 所示；在拍摄烤肉时，要展现其鲜嫩多汁、炭火烧烤的特点，更适合暗调拍摄，因为暗黑的氛围更能凸显烤肉的厚重，然而明亮的亮调更能体现烤肉的质感和细节，如图 3-7 所示。

食物照片不需要太夸张的调色，以更好地凸显食物本真为佳。调色要遵循由整体到细节的原则，这里简要介绍“三步法”。

第 1 步：配置文件和调整曲线，进行定调。

第 2 步：调整基本参数，调整明亮关系。

第 3 步：调整颜色和细节。

下面进行实战演练。

（a）

（b）

▲ 图 3-6

（a）

（b）

▲ 图 3-7

3.1.1 橘子果酱蛋糕

橘子果酱蛋糕如图 3-8 所示。白色的背景板，亮色系的食物和搭配，很明显这是要拍摄亮调的美食照片，然而原照亮处不够亮，食物组织不够清晰，整体效果平庸。

▲ 图 3-8

图 3-8 的直方图如图 3-9 所示。照片整体亮度中和，既没有过曝，也没有死黑，因为照片中最大的阴影区域是黄色的食物，所以阴影部分偏黄。我们需要清亮、透彻的照片效果，从而凸显食物本身的细节和明亮的环境。

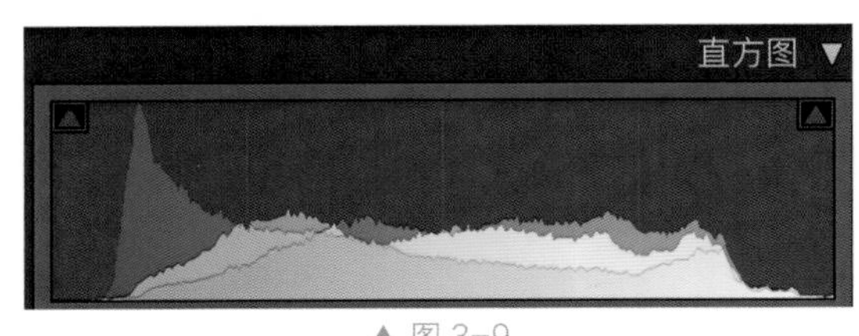

▲ 图 3-9

第 1 步：在“镜头校正”面板中，先选择“配置文件”选项，勾选“移除色差”和“启用配置文件校正”复选框，Lightroom 会在一定程度上自动识别并修复暗角；然后调整最基础的曲线参数，整体提亮照片，如图 3-10 所示。根据自己的喜好和熟练程度，可以先调整曲线，红色、绿色、蓝色 3 个通道可调可不调，可先调可后调。在给照片整体定调后，我们可以更好地观察照片细节。

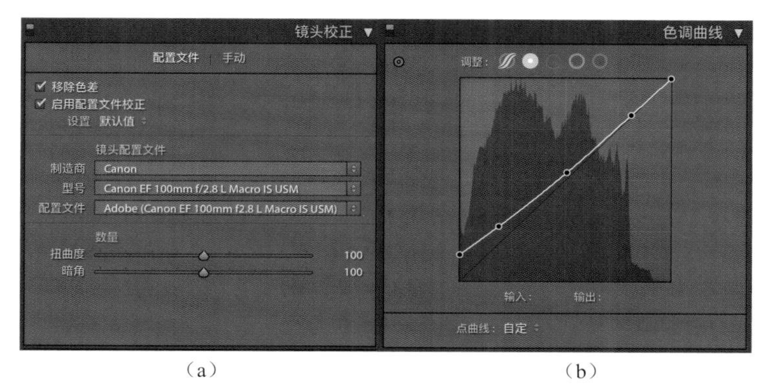

（a）　　　　（b）

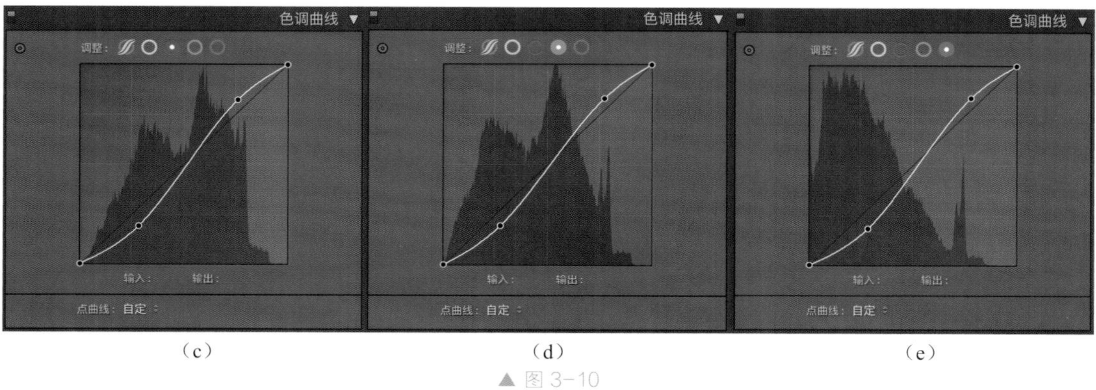

（c）　　　　（d）　　　　（e）

▲ 图 3-10

修改前后的对比如图 3-11 所示。

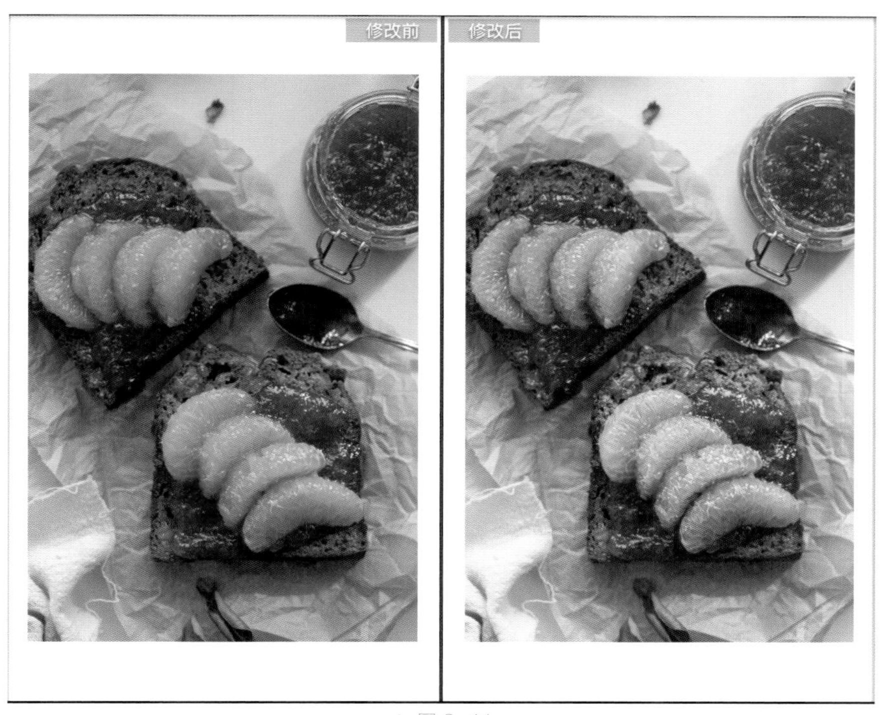

▲ 图 3-11

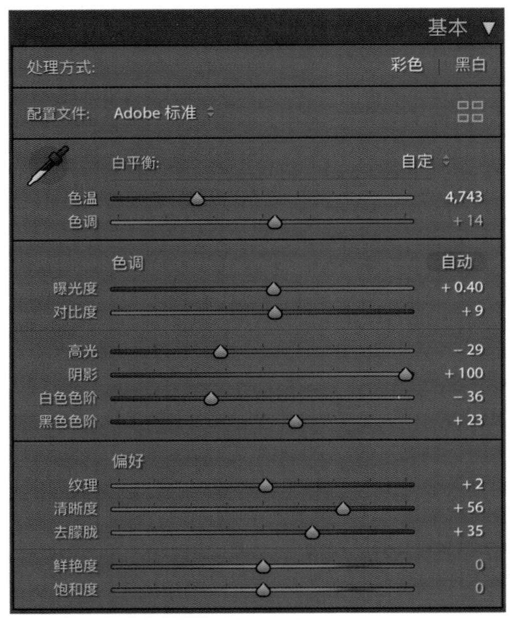

▲ 图 3-12

第 2 步：经过第 1 步的调整，照片整体效果还没有明显的改善，对比度明显不够。我们继续调整“基本”面板中的参数，参数设置如图 3-12 所示。

修改前后的对比如图 3-13 所示。经过第 2 步的调整，照片整体变得明亮、通透，在提高对比度的同时提亮了暗部，提高了清晰度并且加强了纹理，使得食物细节更加清晰。然而蛋糕上面的橘子果肉似乎还是不够清晰，但整体清晰度已经调整得很高，如果再提高清晰度，势必影响照片其他区域的细节表现。此时我们可以用调整画笔，给橘子果肉加上一个蒙版，单独调整橘子果肉的清晰度和纹理。

▲ 图 3-13

第 3 步：用调整画笔涂抹橘子部分，如图 3-14 所示。红色区域就是涂抹区域，在右侧“蒙版”选区中调整参数，同时查看左上角导航器中的小图，以确保得到想要的效果。

经过第 3 步的调整，照片整体效果已经有了明显的改善，明亮度、通透度和细节清晰度已经得到完善，修改前后的对比如图 3-15 所示。接下来调整颜色。

蒙版:
新建
编辑
效果:
自定
色温
0
色调
0
曝光度
0.00
对比度
0
高光
0
阴影
0
白色色阶
0
黑色色阶
0
纹理
47
清晰度
100
去朦胧
- 13
色相
0.0
使用微调
饱和度
0
锐化程度
12
杂色
0
波纹
0
去边
0
颜色
画笔:
A
B
擦除
大小
14.0
羽化
56
流畅度
100
自动蒙版
密度
100
范围蒙版: 关闭

▲ 图 3-14

修改前
修改后

▲ 图 3-15

第 4 步：进一步改善照片的颜色。照片整体的饱和度较低，呈现为一片毫无吸引力的浅黄、浅棕，略显寡淡，接下来对以上问题一一进行修改。

因为照片整体偏浅黄，所以先在“分离色调”面板中为阴影部分添加一些红色调，然后在“HSL/ 颜色”面板中调整红色、橙色和黄色的相关参数。为了将食物变得更有吸引力，并且色调不那么浅，使照片向橙红色调靠近，如图 3-16 所示。

分离色调
高光
色相 0
饱和度 0
平衡 0
阴影
色相 0
饱和度 7

（a）

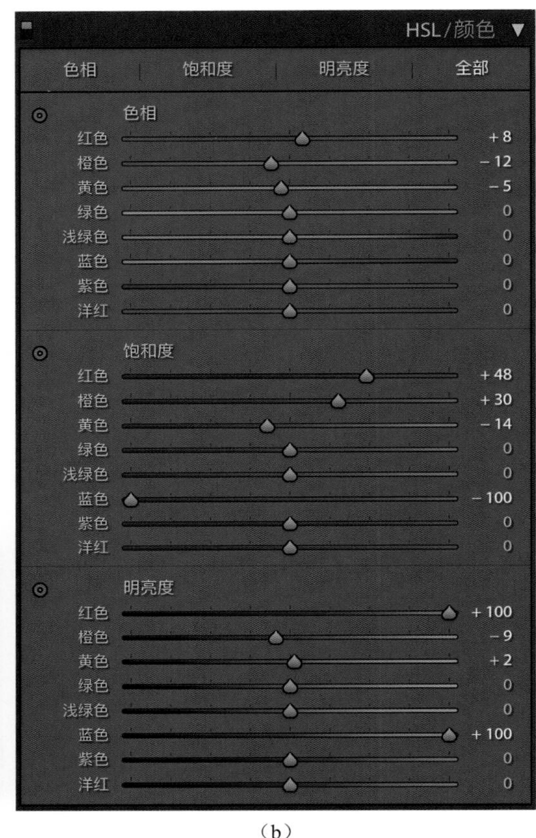

（b）

▲ 图 3-16

小贴士

值得一提的是，在“HSL/ 颜色”面板中，蓝色的明亮度调整到了最大，这是因为蓝色是白色背景板的环境色，将蓝色的明亮度提高就是将白色背景板的明亮度提高。这个差异在自己实操的时候会更明显，可以多尝试。

在调整完上述参数后，如果整体效果还是不好，则可以回到“基础”面板，继续提高鲜艳度或饱和度，如图 3-17 所示。

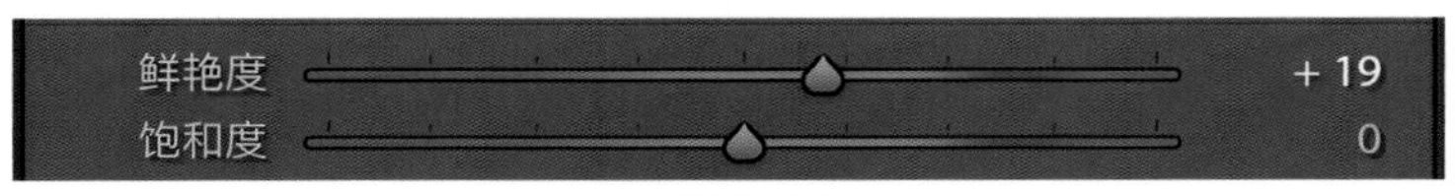

▲ 图 3-17

照片整体已经调整完成了，如图 3-18 所示。但是从视觉效果来看，下面那块蛋糕的位置过于正，如果歪一些，视觉效果会更好。接下来进行照片的裁剪，如图 3-19 所示。

▲ 图 3-18

▲ 图 3-19

> 小贴士
>
> 诸如此类小范围的裁剪可以放到最后做，如果是很明显的对周围瑕疵的裁剪，或者对画面歪斜的裁剪，则可以放在第 1 步完成。

最终效果如图 3-20 所示。

▲ 图 3-20

3.1.2 巧克力蛋糕

巧克力蛋糕的原照如图 3-21 所示。照片整体效果寡淡，不通透，主体巧克力蛋糕的颜色搭配白色背景，以及在拍摄时为了保证亮部细节不过曝，使暗部过于暗了。

▲ 图 3-21

图 3-21 的直方图如图 3-22 所示，整体亮度是可以的，细节均有保留。接下来进行修图。

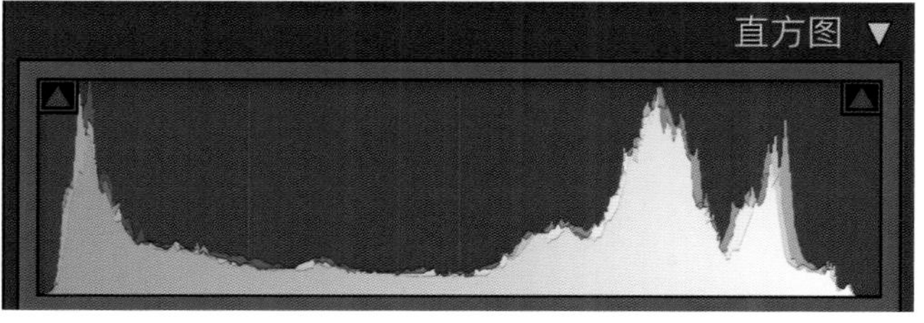

▲ 图 3-22

第 1 步：在“镜头校正”面板中选择“配置文件”选项，勾选“移除色差”和“启用配置文件校正”复选框，调整曲线，如图 3-23 所示。

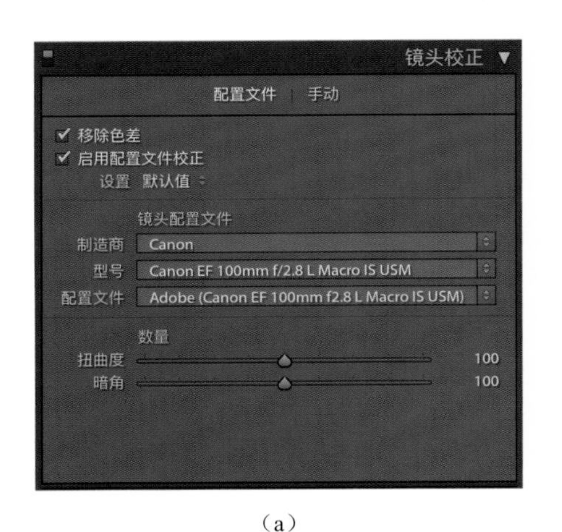

（a）

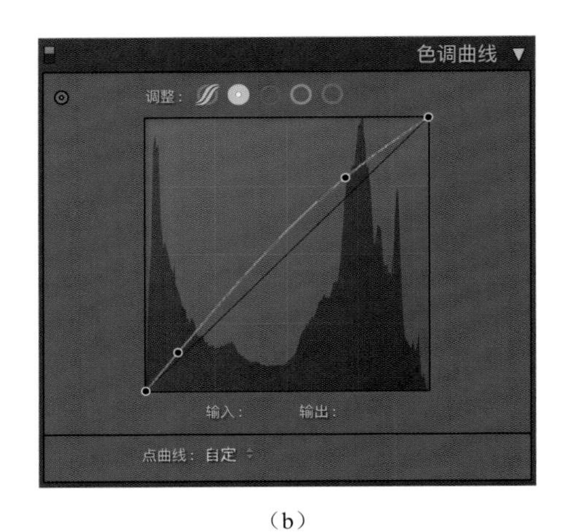

（b）

▲ 图 3-23

修改前后的对比如图 3-24 所示。

▲ 图 3-24

第 2 步：在经过第 1 步的调整后，照片整体效果还没有明显的改善，对比度明显不够，继续调整“基本”面板中的参数，如图 3-25 所示。

修改前后的对比如图 3-26 所示。照片整体效果已经不错了，只需微调颜色即可。

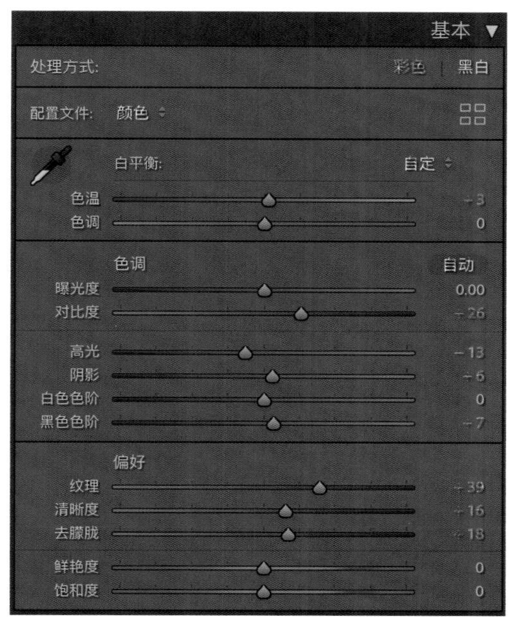

▲ 图 3-25

▲ 图 3-26

第 3 步：调整分离色调。

因为背景偏黄，照片会显得略脏，所以要为高光区域添加一些蓝色调，而阴影区域为食物主体，可以添加一些红色或黄色调，并且在调整的时候注意实时观察。在“HSL/ 颜色”面板中提高橙色和红色的饱和度，不需要太多，以免失真，如图 3-27 所示。

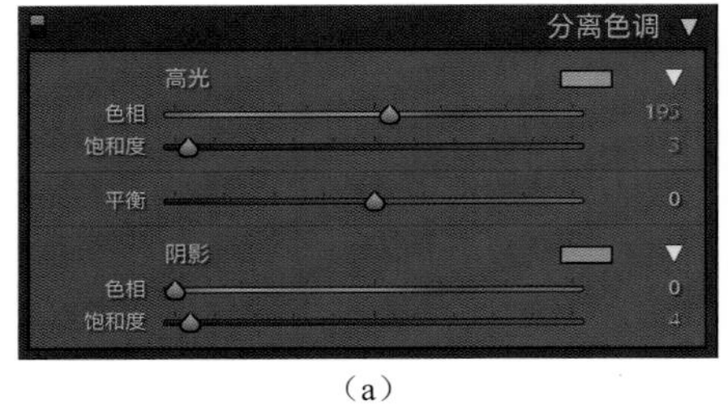

(a)

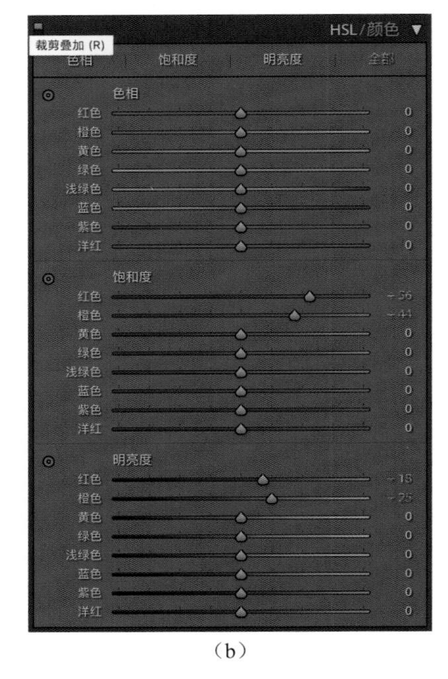

(b)

▲ 图 3-27

修改前后的对比如图 3-28 所示。

▲ 图 3-28

照片整体效果已经很不错了，最终效果如图 3-29 所示。

▲ 图 3-29

3.2 浓郁的暗调

暗调是指图像中较暗部分的色调，通常呈现出深沉、神秘、质感厚重的视觉效果。摄影师可以在后期修图过程中对暗部提高对比度和饱和度，使画面更具张力。

在美食摄影中，暗调通常用于营造一种高级感的氛围。尤其在拍摄中西正餐、烧烤或富有浓烈口感的美食时，暗调能更好地体现食物的独特魅力，如图 3-30 所示。

（a）

（b）

▲ 图 3-30

暗调可以强化食物的质感，使其看起来更具立体感和触感。恰当地运用暗调修图技巧，可以让表面纹理、层次更加明显，从而使美食更加诱人。例如，在拍摄面包、巧克力等食物时，暗调可以突出这些食物丰富的质地和浓郁的口感，如图 3-31 所示。

（a）　　（b）

▲ 图 3-31

浓郁的暗调可以强化画面中的光影效果，带来富有戏剧性的视觉冲击力。暗调的背景与明亮的主体可以形成鲜明对比，使美食更加引人注目。此外，暗调还有助于消除画面中不必要的干扰元素，使观众的注意力更集中于食物本身，如图 3-32 所示。

（a）　　（b）

▲ 图 3-32

在某些场景下，如拍摄特色餐点或加入人物，暗调可以使画面富有想象力并呈现神秘的氛围，激发观众的好奇心和探索欲望，如图 3-33 所示。

（a）

（b）

▲ 图 3-33

暗调修图技巧如下。

（1）控制对比度

在后期修图过程中，提高暗部的对比度是实现浓郁暗调的关键。调整黑白点和曲线，可以提高画面的对比度，使暗部更加深沉。

（2）调整饱和度

调整饱和度是暗调修图的一个重要环节。适当提高暗部的饱和度，可以使画面的色彩更加鲜艳、丰富，从而增强作品的视觉吸引力。

（3）利用蒙版技巧

在后期修图过程中，运用图层蒙版技巧对特定区域进行暗调处理，既能实现局部的暗调效果，又能保持其他区域的自然光线和色彩。

（4）注意光线与阴影

在拍摄和修图时，光线与阴影的处理至关重要。控制光源的方向、强度和阴影的形状、大小，可以实现富有层次感和立体感的暗调效果。

在运用暗调修图技巧时，摄影师需要注意适度。过分强调暗调可能导致画面过于压抑、沉闷，甚至让观众难以分辨食物的细节。因此，在后期修图过程中，摄影师需要根据拍摄主体和画面效果，恰当地运用暗调技巧。

3.2.1 面条

面条的原照如图 3-34 所示，画面不是很暗，由于其深色背景和单一主体，非常适合运用暗调修图技巧。

▲ 图 3-34

暗调修图的宗旨是突出并只突出主体，压暗背景甚至周边区域。

第 1 步：调整曲线。

这里不需要选择“配置文件”选项，因为暗角本来就非常适合暗调照片。暗调曲线的调整和亮调曲线的调整略微不同，即进一步压暗暗部，而不是提亮暗部，同时适当提亮亮部，如图 3-35 所示。

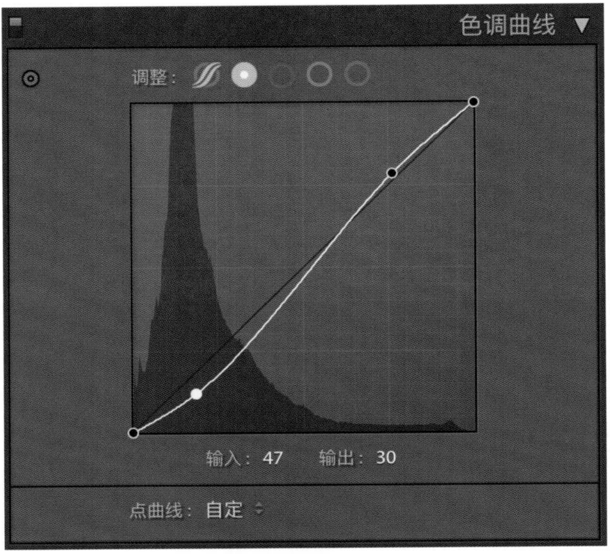

▲ 图 3-35

在调整好曲线后，画面已经有暗调的感觉了，如图 3-36 所示。

▲ 图 3-36

第 2 步：进一步调整基本参数。

只调整曲线毕竟比较笼统，要对明亮关系做进一步的调整，还是要调整“基本”面板中的参数。在调整食物的照片时，一般会略微将白平衡调暖，这样食物会变得更诱人，因此这里将色温的值加 5。每个照片的前期效果不同、尺寸不同，这都会影响调整效果，因此这个数值不具有代表意义，在调整的时候还是要靠眼睛观察。略微提高对比度，增强明暗对比；压暗高光，降低高光区域的曝光；阴影和黑色色阶部分代表照片的暗部，可以进一步加深，让背景进一步弱化，从而凸显面条主体，如图 3-37 所示。

修改前后的对比如图 3-38 所示。

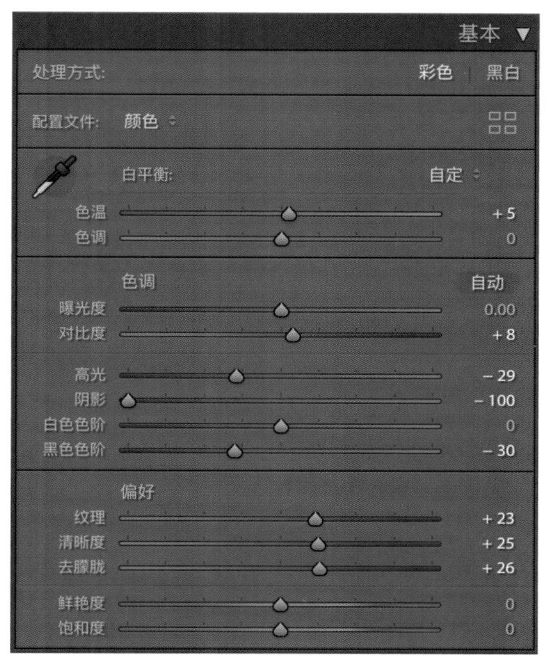

▲ 图 3-37

▲ 图 3-38

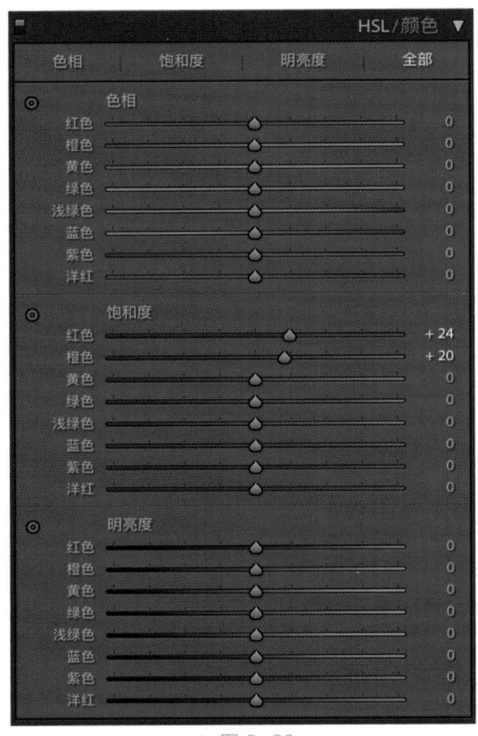

▲ 图 3-39

第 3 步：调色。

在经过第 2 步的调整后，画面效果已经很好了。接下来进行调色，微调橙色和红色的饱和度，注意过分调色会显得失真，如图 3-39 所示。

修改前后的对比如图 3-40 所示。

▲ 图 3-40

最终效果如图 3-41 所示。

▲ 图 3-41

3.2.2　惬意晚餐

图 3-42 的画面非常杂乱，需要用暗调修图技巧，将背景及周围杂乱的地方压暗，并对主体部分进行精修。

▲ 图 3-42

第 1 步：调整曲线。

因为画面非常杂乱，所以在调整曲线的时候，要先压暗暗部，其余保持不变，再简单微调亮部即可，如图 3-43 所示。

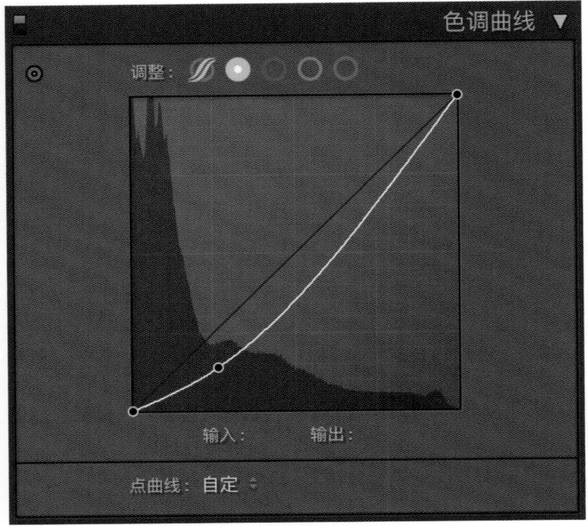

▲ 图 3-43

在压暗暗部后，整个画面已经非常干净了。修改前后的对比如图 3-44 所示。

▲ 图 3-44

第 2 步：调整基本参数。

暗部其实已经差不多了，微调亮部即可，提高一点鲜艳度，如图 3-45 所示。

不要对基本参数做大的调整，因为牵一发而动全身，无论调整暗部还是亮部都很容易影响整体效果。此时需要使用蒙版，单击“径向滤镜”图标按钮，勾选“反相”复选框，调整圈内的参数，提高阴影，将红色蒙版部分也就是画面中亮部的阴影部分提亮，如图 3-46 所示。

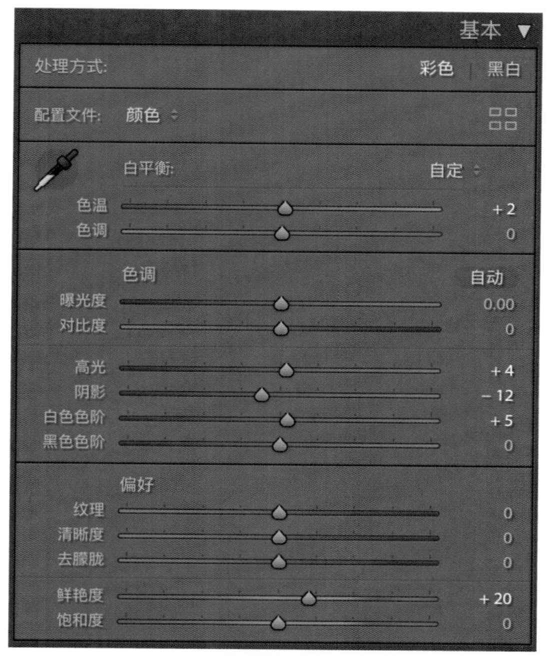

▲ 图 3-45

▲ 图 3-46

背景中有一块突兀的白色杂物，需要压暗它的色调。修改前后的对比如图 3-47 所示。

▲ 图 3-47

再次单击“径向滤镜”图标按钮，添加另一个径向滤镜，降低曝光度，将红色蒙版部分也就是暗部进一步压暗，以弱化杂乱的部分，如图 3-48 所示。

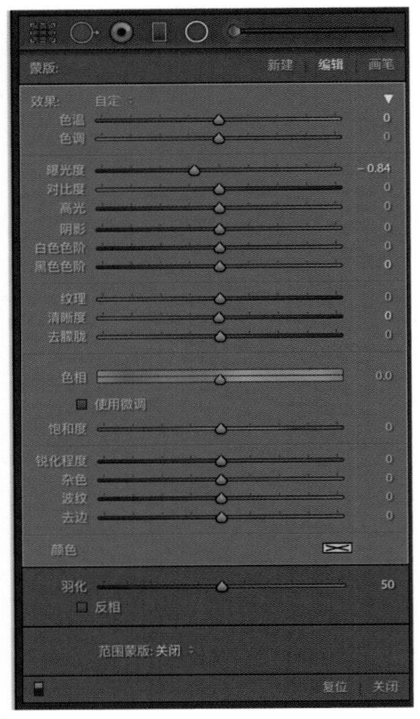

▲ 图 3-48

明暗关系分明，画面已经非常漂亮了。修改前后的对比如图 3-49 所示。

▲ 图 3-49

第 3 步：调色。

简单调整一下红色、橙色和黄色的饱和度即可，其他不需要调整，如图 3-50 所示。

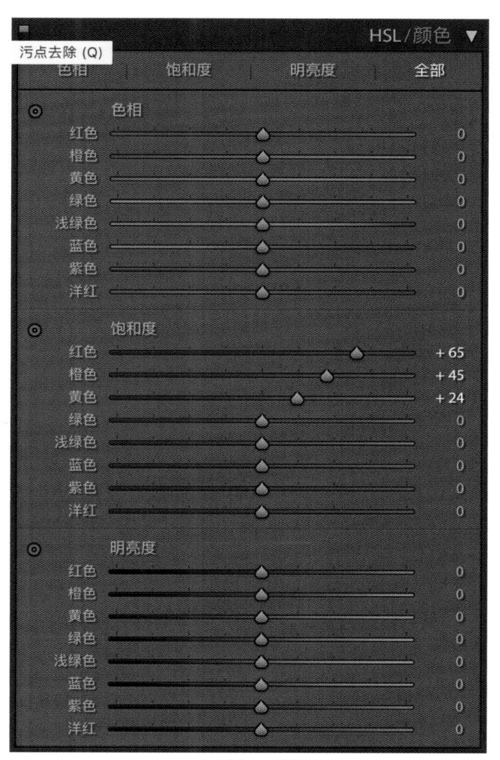

▲ 图 3-50

最终效果如图 3-51 所示。

▲ 图 3-51

3.3 丰富的中调

中调美学体现了平衡与自然的视觉之美。

美食摄影作为视觉艺术的一种表现形式，旨在传达美食的美感和文化内涵。在美食摄影的后期处理过程中，亮调、暗调和中调分别体现了不同的视觉效果和风格。

中调美食摄影介于亮调和暗调之间，具有以下特点。

（1）自然逼真

中调美食摄影在明亮度和对比度上的平衡处理，使画面具有较为真实的色彩和明暗表现。这种自然逼真的效果有助于展现食物的特点，增强观众对食物的感知。

（2）平衡的视觉效果

中调美食摄影强调平衡的视觉效果，使画面既不会过于明亮，也不会过于暗沉。这种平衡有助于提高画面的可读性和观赏性，减轻观众的视觉疲劳。

（3）适应性广泛

中调美食摄影适用于多种场景，包括家庭、餐厅、广告等。由于其自然和平衡的特点，中调美食摄影可以满足各类场景的拍摄需求，展现多样化的视觉效果。

（4）丰富的后期处理空间

中调美食摄影为后期处理提供了较大的空间。摄影师可以根据需要，通过后期调整明亮度、对比度和色相等参数，进一步优化画面效果。这种灵活性使得中调美食摄影更具创意和个性化的表现。

运用中调能够在拍摄和后期处理过程中更好地保留画面的细节。在使用亮调和暗调强调某种氛围或情感时，可能会牺牲一部分画面的细节。亮调照片通常采用白色背景，偶尔需要将背景过曝、亮化；暗调照片通常需要将背景或主体外的细节压暗、弱化；中调照片能在保持自然逼真的画面效果的同时，展示出美食的质感和层次感，使画面有更多丰富的细节和内容，能更好地展现美食的特点，如图3-52所示。

（a） （b）

（c） （d）

▲ 图 3-52

3.3.1 早餐吐司

图 3-53 的画面信息非常丰富，杂而不乱，因此可以往中调方向调整。中调需要尽量保留更多的细节，因此要避免死黑或死白。照片右上角有一块暗黑，接下来先看一下直方图。

▲ 图 3-53

查看图 3-54 所示的直方图，亮部和暗部都有保留。接下来开始调色。

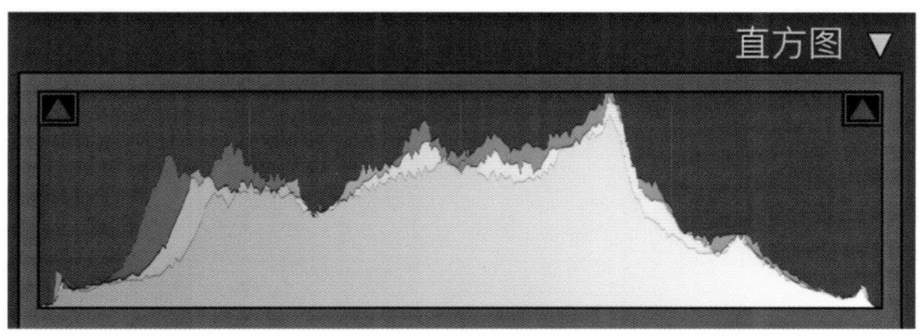

▲ 图 3-54

经过之前亮调和暗调的照片调色，可以发现亮调需要进一步提亮亮部，而暗调需要进一步压暗暗部。那么中调照片该如何调整曲线呢？无差别提亮暗部和亮部吗？对此要具体问题具体分析，如果照片显示暗部过暗，肉眼无法观察到细节，则需要提亮暗部；如果照片的亮部过亮并且遗失了细节，则需要压暗亮部，中调照片的曲线调整由画面的明暗关系决定，尽量多地保留画面细节即可。

第 1 步：配置文件和调整曲线。

应用配置文件，自动校正镜头畸变，并根据图 3-54，将照片上方的暗部适当提亮，如图 3-55 所示。

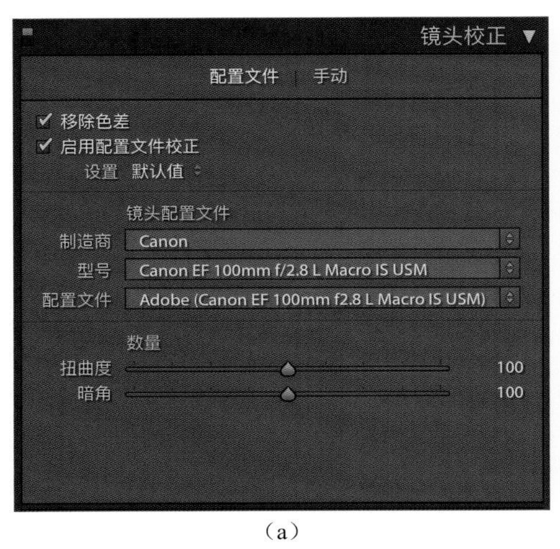

（a）

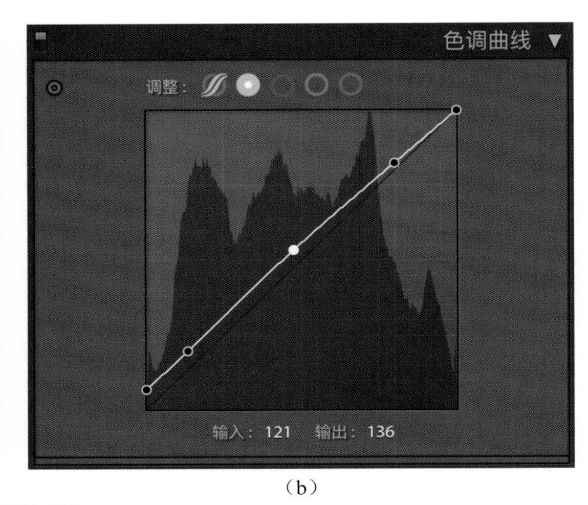

（b）

▲ 图 3-55

修改前后的对比如图 3-56 所示。此时照片被微微提亮，但变化不大，需要进一步调整基本参数。

▲ 图 3-56

第 2 步：调整基本参数。

将明暗关系进一步加强，使画面通透、干净，如图 3-57 所示。

修改前后的对比如图 3-58 所示。

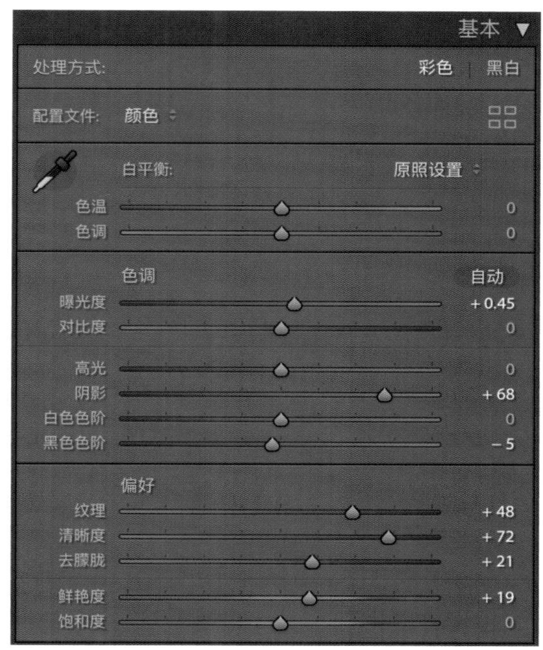

▲ 图 3-57

▲ 图 3-58

第 3 步：调色。

在完成前两步后，明暗关系已经基本调整到位，虽然还有些奇怪，但是可以先调色，在优化照片整体效果后才知道还需要调整哪些细节。

照片的内容是早餐，需要温暖的感觉，这里主要调整红色和黄色，为高光区域添加一些黄色调，使照片更有温暖感。如果需要，可以为阴影区域添加一些蓝色调，这里并不需要，如图 3-59 所示。

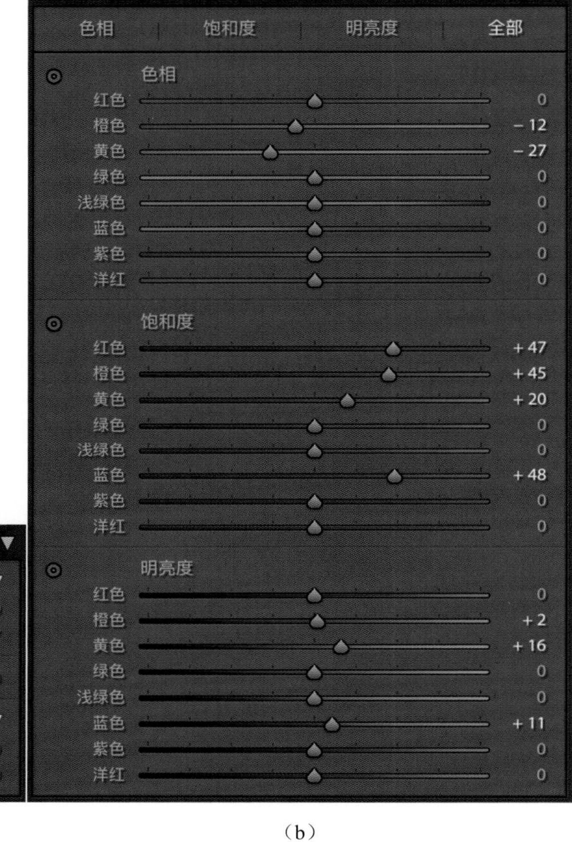

（a） （b）

▲ 图 3-59

修改前后的对比如图 3-60 所示。

在完成调色后，照片整体效果已经很好了，但是光线过于寡淡，使照片略显平庸，这种情况非常适合使用渐变滤镜。单击“渐变滤镜”图标按钮，从画面右上方向左下方拉动，出现红色区域的渐变蒙版，提高色温、曝光度和高光，模拟阳光从右上方照射下来的光感，使照片整体变得更有层次和质感，如图 3-61 所示。

修改前
修改后

▲ 图 3-60

直方图
蒙版：
新建
编辑
画笔
效果：
自定
色温
16
色调
0
曝光度
0.73
对比度
0
高光
20
阴影
0
白色色阶
0
黑色色阶
0
纹理
0
清晰度
0
去朦胧
0
色相
0.0
使用微调
饱和度
0
锐化程度
0
杂色
0
波纹
0
去边
0
颜色
范围蒙版：关闭
复位
关闭
显示编辑标记：总是
显示选定的蒙版叠加
完成
上一张
复位

▲ 图 3-61

修改前后的对比如图 3-62 所示。

▲ 图 3-62

最终效果如图 3-63 所示。

简单的小技巧一样可以让普普通通的照片大放异彩。

▲ 图 3-63

3.3.2　食材

图 3-64 是很典型的中调照片，画面明暗均匀，俯拍画面充满了食物。虽然照片包含很多信息，但是非常均衡。这是一张非常好调的照片。先简单调整一下曲线和基本参数，再调一下颜色即可。

▲ 图 3-64

第 1 步：调整曲线。

对照片整体进行提亮，如图 3-65 所示。

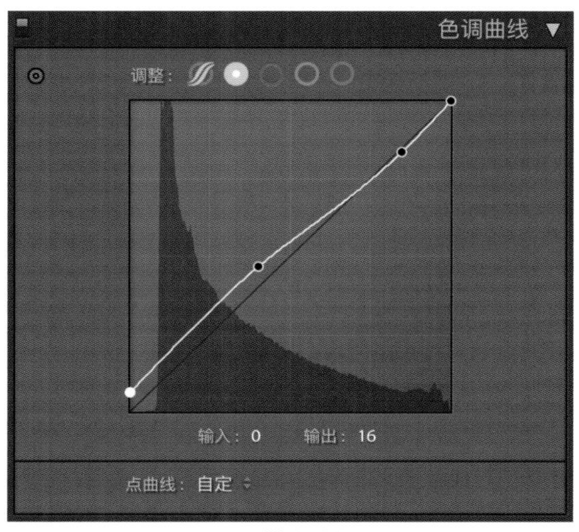

▲ 图 3-65

修改前后的对比如图 3-66 所示。

▲ 图 3-66

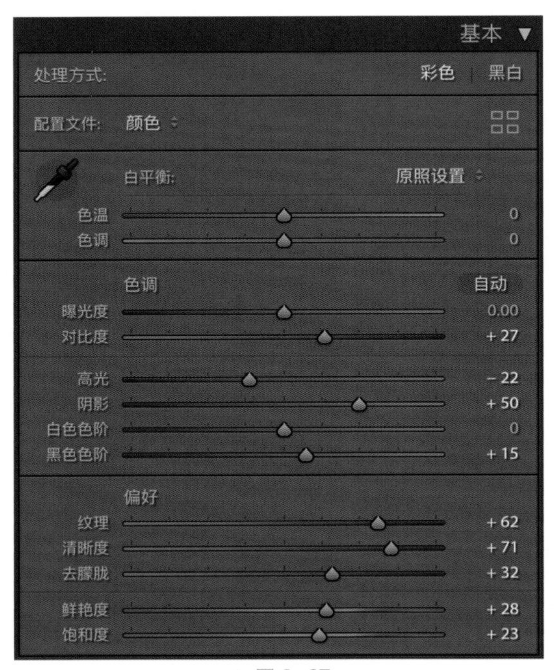

▲ 图 3-67

第 2 步：调整基本参数。

在调整曲线后，照片整体被提亮了，但是画面非常灰，因此需要在“基本”面板中进一步提高对比度，这样画面才有通透感。当然可以保留一定的灰度，使画面看上去有种复古感，如图 3-67 所示。

修改前后的对比如图 3-68 所示。

▲ 图 3-68

第 3 步：调色。

由于这张照片中的信息非常多，颜色很杂，因此需要将每一种食物特有的颜色都加强、加深。

因为要调的颜色很多，所以在调整的时候要注意实时查看，每一种邻近色在调整的时候都会相互影响，要确保画面干净。值得一提的是，左下角的罗勒叶非常绿，略显突兀。先将绿色的色相降低一点，再降低绿色的饱和度，这样颜色就协调了，如图 3-69 所示。

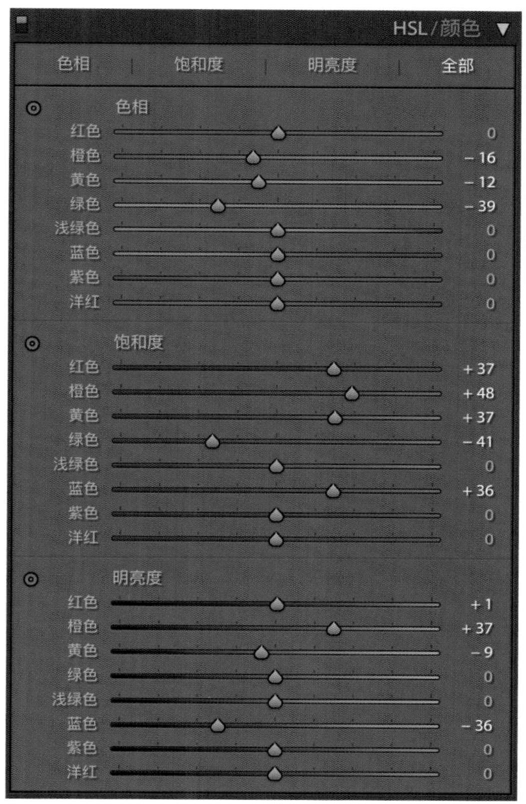

▲ 图 3-69

修改前后的对比如图 3-70 所示。

▲ 图 3-70

最终效果如图 3-71 所示。

▲ 图 3-71

第4章 实战演练——生活扫街

法国著名摄影师亨利・卡蒂埃・布列松认为，街头摄影的关键在于捕捉那些具有独特视觉冲击力、故事性和情感的瞬间。这些瞬间往往来得快去得也快，因此摄影师需要具备敏锐的观察力、快速的反应力，以及对画面元素精准把控的能力。通过捕捉这些决定性瞬间，摄影师可以创作出富有生活气息和艺术价值的作品。

本章分为 3 个部分，每个部分都代表一个独特的瞬间。

- 突出烟火气：通过街头摄影捕捉生活中的平凡与真实。

通过观察人们的日常生活、城市的变迁和自然的美景，来记录那些充满烟火气的瞬间。捕捉这种类型的瞬间，要掌握如何通过构图、光线和色彩等手段，让这些平凡的场景散发出特殊的魅力。

- 使纷杂画面变得亮眼有序：运用裁剪和调色功能。

在扫街的过程中，我们常常会遇到复杂的场景和多样的元素。在这一部分将探讨如何在纷繁复杂的环境中，通过对画面元素的把控、对焦点的选择，以及对光影的运用，使画面变得亮眼有序，具有视觉冲击力和故事性。

- 夜的美：街头摄影中夜间拍摄的特点和技巧。

利用夜间的光影、色彩和氛围，捕捉那些别具一格的决定性瞬间。同时利用夜间后期处理技巧，使夜景照片达到更好的效果。

4.1 突出烟火气

烟火气不仅能够让摄影师从不同的视角观察世界，拓宽摄影师的审美和表达范围，使其不再只关注景观的壮丽、建筑的宏伟或者人物的美丽，也能够让摄影师更加专注于捕捉生活中的温情、幸福和悲伤。这种专注不仅提升了摄影作品的艺术价值，更为观众带来了丰富的视觉体验和心灵触动。

一幅好的街头摄影作品，应该能够传递出拍摄者对生活的热爱，对人类情感的理解和尊重。通过关注烟火气，摄影师能够捕捉那些鲜为人知的故事，让观众在照片中加深对生活的思考和共鸣。

从实际操作层面出发，摄影师需要学会运用恰当的拍摄技巧来表现烟火气。例如，利用低角度拍摄，将平凡的生活场景拍得更具层次感和动感；运用大光圈，让背景虚化，凸显主体的生活气息；运用逆光、顺光等光线效果，增强照片的情感张力。

在后期方面，摄影师同样需要注意强化烟火气的表现，在色彩处理上，可以适当提高饱和度，增加照片的生活气息；恰当地调整对比度，保持画面的层次感和立体感。此外，对于那些瞬间性的、具有故事性的画面，可以通过裁剪、旋转等手法，优化画面的构图，使照片更具表现力和视觉冲击力。总之，后期的目标是进一步提升烟火气在照片中的呈现效果，让作品更具吸引力和感染力，如图 4-1 所示。

（a）

（b）

▲ 图 4-1

（c）

（d）

▲ 图 4-1（续）

（e）

（f）

▲ 图 4-1（续）

(g)

▲ 图 4-1（续）

本节将探讨如何通过后期修图将照片中的烟雾和水汽凸显出来，更加深入地讲解烟火气的运用。

以下是整体的修图建议。

- 调整明暗对比度：提高对比度，让烟雾和水汽在画面中更加突出，可以通过在后期调整明亮度、对比度、阴影和高光来实现。
- 增强局部细节：针对画面中的烟雾和水汽区域，调整锐度和局部对比度来增强细节，让烟雾和水汽更加生动和真实。

- 色彩处理：为了强调烟火气，可以尝试调整画面中的色温和饱和度。例如，通过增加画面的暖色调，让烟雾和水汽看起来更具质感。
- 添加氛围效果：在后期处理过程中，可以通过添加一些氛围效果来强化画面的烟火气。例如，尝试使用雾化、光晕等效果来增加画面的深度和层次感。

4.1.1 咖啡馆

想要拍出烟雾和水汽，在拍摄的时候采用侧光或侧逆光会比较好。在图 4-2 中，咖啡的热气非常明显，但是不够清晰，环境也比较杂乱。在修图时通常要保留突出烟雾的主体，以及前景中的人物，稍微弱化一下杂乱的背景，凸显人文信息和烟雾主体。

▲ 图 4-2

扫街主题的后期处理过程同样适用前面提到的“三步法”。

第 1 步：调整曲线。

这张照片基本属于暗调调性，保留阴影区域或对其进一步压暗，稍微提亮一下主体，实时观察修改的效果，如图 4-3 所示。

修改前后的对比如图 4-4 所示。

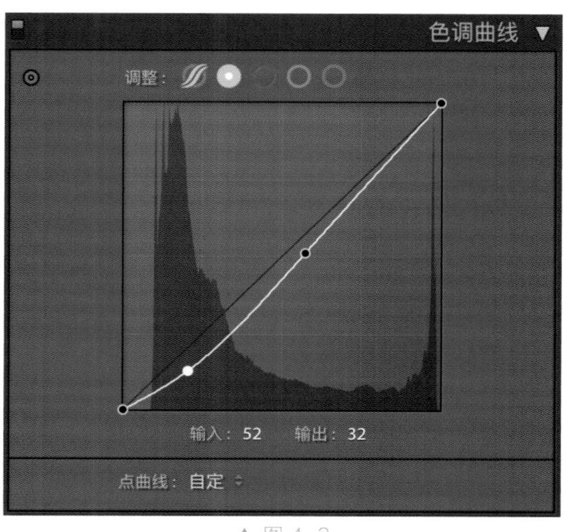

▲ 图 4-3

▲ 图 4-4

基本 ▼
处理方式: 彩色 | 黑白
配置文件: 颜色
白平衡: 自定
色温 +6
色调 0
色调 自动
曝光度 0.00
对比度 0
高光 +8
阴影 −38
白色色阶 0
黑色色阶 0
偏好
纹理 +38
清晰度 +50
去朦胧 +7
鲜艳度 +15
饱和度 0

▲ 图 4-5

第 2 步：调整基本参数。

这里采用偏暖一些的色调，使照片更有人文情怀，在“基本”面板中，将白平衡拉暖一些，如图 4-5 所示。

修改前后的对比如图 4-6 所示。

▲ 图 4-6

第 3 步：调色并调整细节。

经过前两个步骤，照片整体的调性调整已经基本完成了，只需要微调色彩即可。

画面还是略显杂乱，尝试在中间主体部分用蒙版继续提亮暗部，并用径向滤镜压暗四周，或者在窗户的位置用渐变滤镜加上一点暖色，如图 4-7 所示。此外，烟雾部分还是比较柔和，用调整画笔添加蒙版，提高清晰度会更好，如图 4-8 所示。

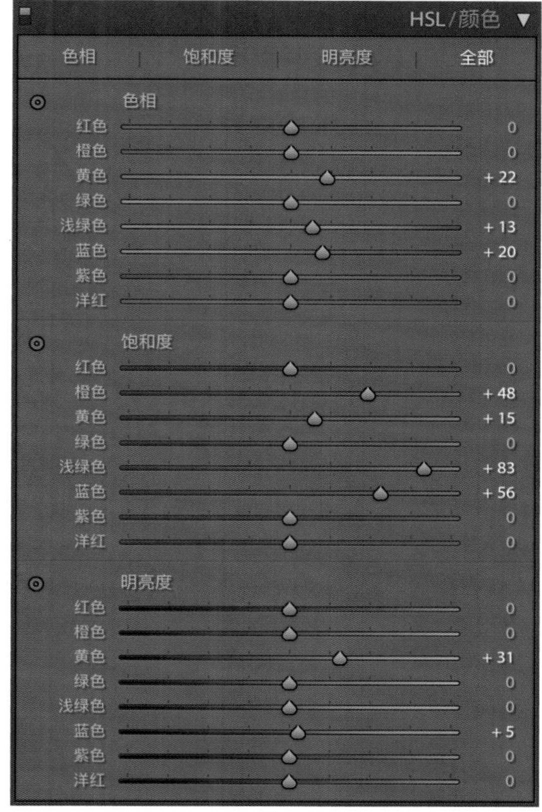

▲ 图 4-7

（a）

▲ 图 4-8

直方图
显示编辑标记: 总是
显示选定的蒙版叠加
完成
上一张
复位

（b）

（c）

直方图
显示编辑标记: 总是
显示选定的蒙版叠加
完成
上一张
复位

（d）

▲ 图 4-8（续）

修改前后的对比如图 4-9 所示。

▲ 图 4-9

最终效果如图 4-10 所示。

▲ 图 4-10

4.1.2　小酒馆

图 4-11 的效果其实还不错，但因为是深夜拍摄，所以光线非常暗。

观察图 4-12 所示的直方图，ISO 已经到了 10000，表示存在大面积死黑。这种照片其实已经不适合做过多的后期处理了，只能做减法，尽量避免做加法，比如硬要把暗部调亮，这就没必要。虽然这不是一张严格意义上完美的照片，但不能因为光线不合适就不去记录，街拍的意义更多地在于记录，而不是参数表现。

▲ 图 4-11

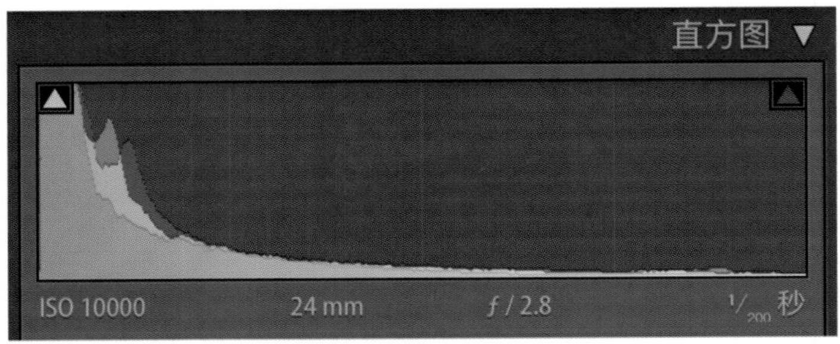

▲ 图 4-12

第 1 步：调整曲线。

根据这张照片的参数和内容信息，将色调尽量往复古的方向调整，明暗关系不要做过多改变。调整三色通道，高光区域整体偏红、偏亮，阴影区域略微偏绿，略微提高中部色调的亮度，以不过度影响画质为准，如图 4-13 所示。

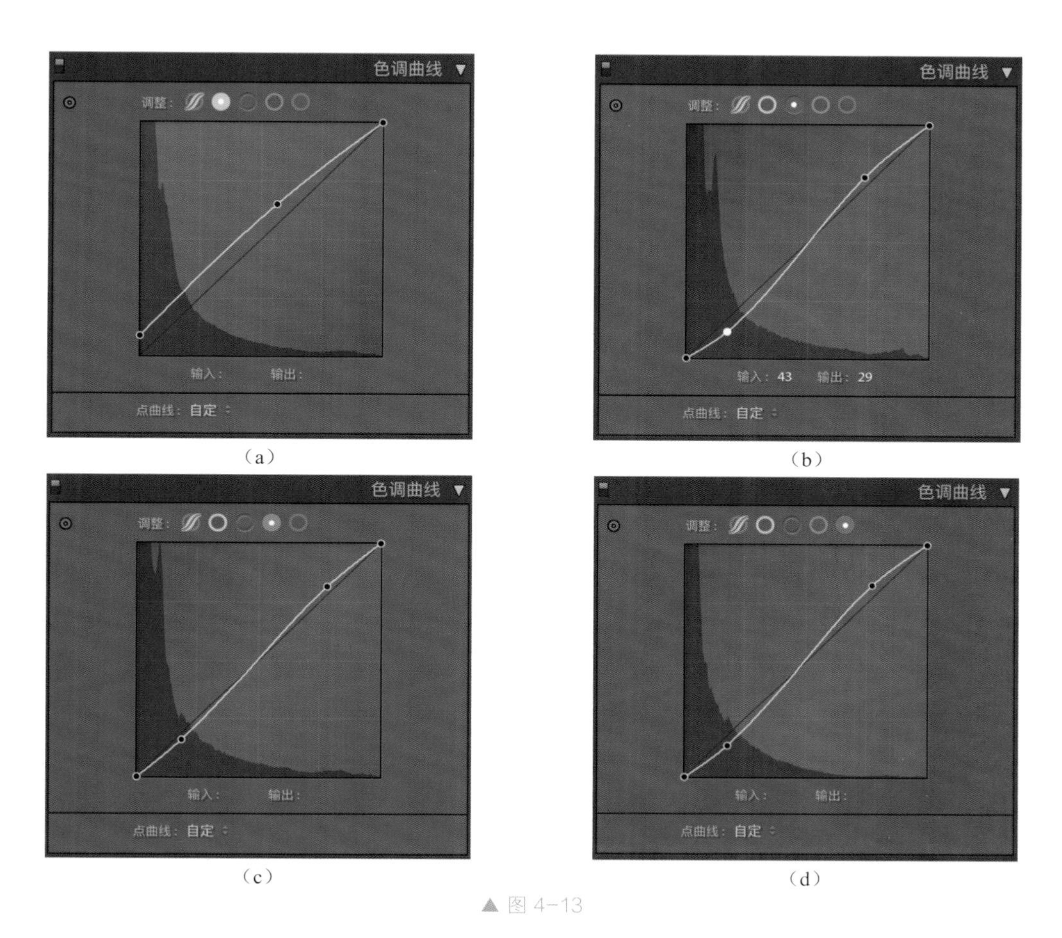

（a）　（b）　（c）　（d）

▲ 图 4-13

修改前后的对比如图 4-14 所示。

▲ 图 4-14

第 2 步：在蒙版范围内调整明暗关系。

这里不用调整基本参数，因为整体提高任何参数对画质都有非常大的损伤。使用反相径向滤镜，做小范围调整，略微调整清晰度等参数，并添加一个径向滤镜，对外围暗黑的部分降低清晰度和亮度，以最大限度地保证画质，如图 4-15 所示。

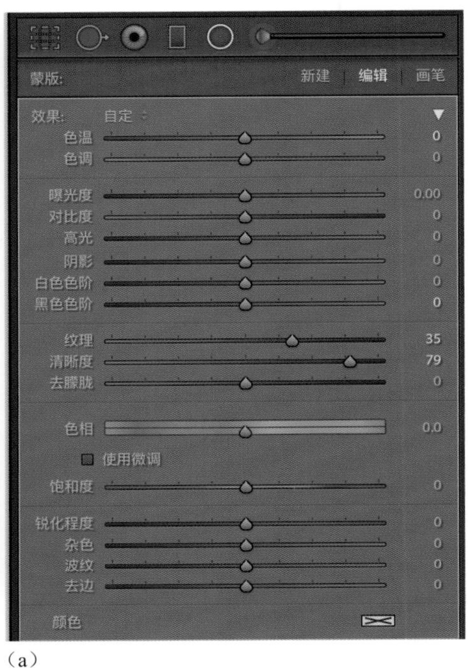

（a）

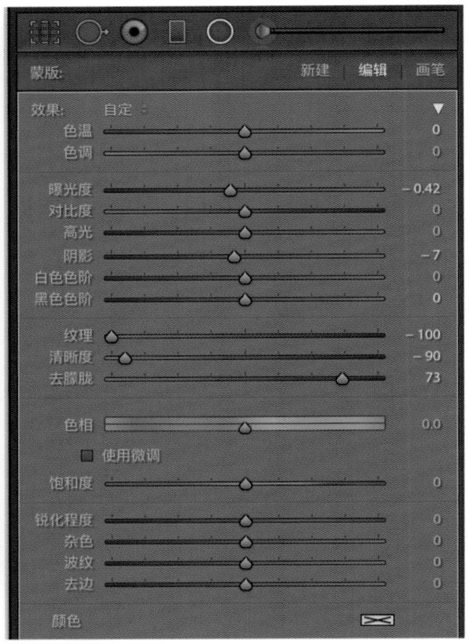

（b）

▲ 图 4-15

修改前后的对比如图 4-16 所示。

▲ 图 4-16

暗黑的部分还是有一些乱七八糟的小东西，非常影响视线，显得杂乱无章，并且黑色面积已经占了画面非常大的比例，对此先进行裁剪，再用调整画笔添加蒙版，将画面中没有裁剪掉的比较大的杂物色块用降低曝光度的方式涂抹掉，如图 4-17 所示。

（a）

▲ 图 4-17

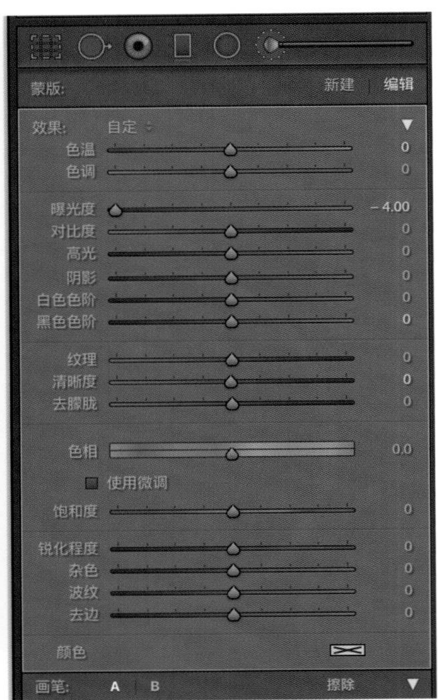

（b）

▲ 图 4-17（续）

修改前后的对比如图 4-18 所示。

▲ 图 4-18

第 3 步：调色。

这张照片其实不需要过多调色，可以往复古感的方向微调，比如为高光区域略微添加红色调，为阴影区域略微添加蓝色调，如图 4-19 所示。

分离色调
高光
色相 0
饱和度 0
平衡 0
阴影
色相 174
饱和度 7

（a）

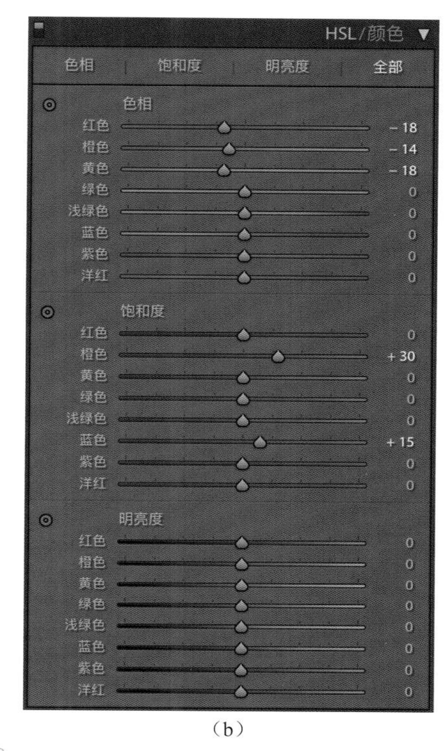

（b）

▲ 图 4-19

修改前后的对比如图 4-20 所示。

▲ 图 4-20

最终效果如图 4-21 所示。

▲ 图 4-21

4.2 使纷杂的画面变得亮眼有序

街头摄影是一种独特的摄影形式，它要求摄影师在瞬息万变的环境中，捕捉具有故事性和情感的瞬间。在这样一个充满挑战的环境中，摄影师常常会面临复杂的场景和多样的元素，如图 4-22 所示。与商业摄影、人像摄影及其他类型的摄影相比，街头摄影的场景更加不可预测。摄影师需要在街头巷尾中寻找灵感，捕捉生活的瞬间。在这些地方，摄影师可能会遇到各种各样的人物、建筑、道路、交通工具及其他元素，这种复杂的环境既为摄影师提供了丰富的素材，也带来了诸多挑战。例如，看到一个小动物，刚举起相机对上焦，它就跑开了；看到美丽的场景，但是因为赶时间，或者阳光太耀眼而没法仔细构图；在完成构图时突然跑进了很多人。因此，后期处理对于街头摄影是很重要的，街拍照片通常需要靠后期来调整和完善。本节将讲解如何调整拍摄场景很杂乱的照片。

（a）

（b）

▲ 图 4-22

（c）

（d）

▲ 图 4-22（续）

（e）

（f）

▲ 图 4-22（续）

（g）

▲ 图 4-22（续）

对于场景杂乱的照片，有以下两个调整的思路。

思路 1：裁剪。将多余的部分裁剪掉，使主体占据大部分画面。

思路 2：调色。使邻近的颜色一致，尽量减少颜色的种类，画面就会清爽很多。

4.2.1 南瓜

图 4-23 的问题非常严重，背景很杂乱，构图也不合适，甚至没有做好对焦（对焦问题后期无法弥补，这里不做讨论）。

▲ 图 4-23

第 1 步：配置文件、裁剪、调整曲线。

应用配置文件，自动校正镜头畸变，如图 4-24 所示。这张照片的构图有明显的问题，对照片直接进行裁剪，将多余的地方裁剪掉，使南瓜主体充满画面，如图 4-25 所示。

镜头校正 ▼
配置文件 | 手动
✓ 移除色差
✓ 启用配置文件校正
设置 自定
镜头配置文件
制造商 Canon
型号 Canon EF-S 55-250mm f/4-5.6 IS STM
配置文件 Adobe (Canon EF-S 55-250mm f/4-5.6 IS STM)
数量
扭曲度 100
暗角 100
已应用内置的镜头配置文件。

▲ 图 4-24

▲ 图 4-25

为了让平平无奇的照片更有特色和看头，在调整曲线的时候，简单调整一下调性，使画面呈现偏复古风的感觉。对于明暗部分曲线压暗亮部，提亮暗部，使照片具备一定的灰度，更有古早感；将颜色部分曲线调整为 S 型，提高颜色的对比度；曲线弧度要边看边调，不要过于偏色，如图 4-26 所示。

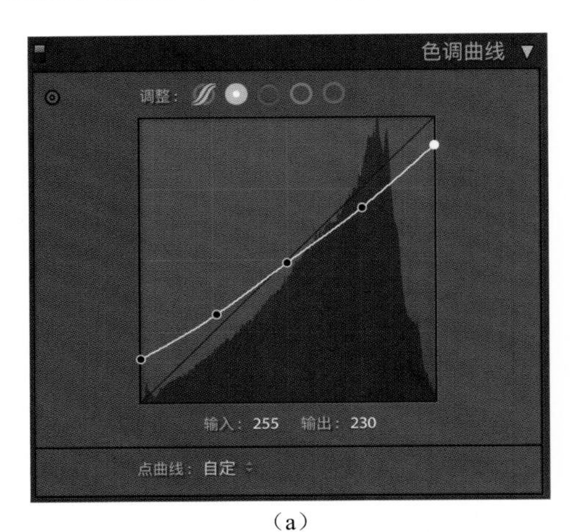

（a）

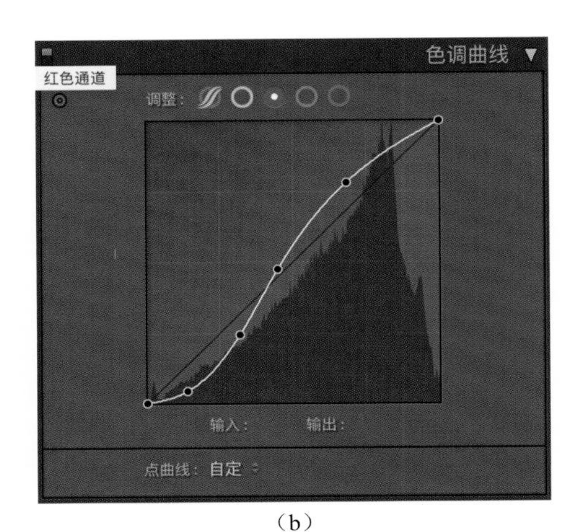

（b）

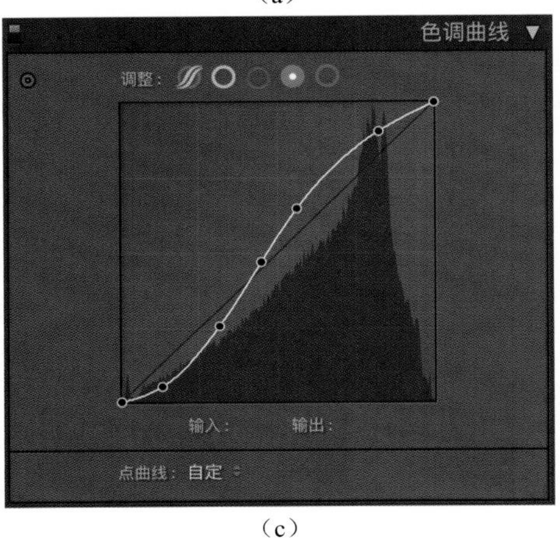

（c）

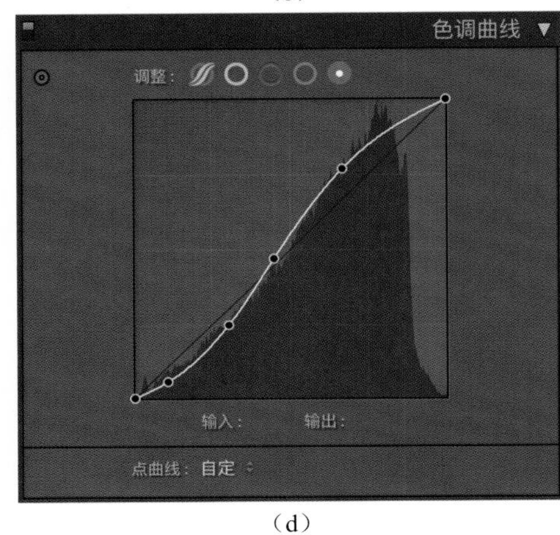

（d）

▲ 图 4-26

在完成裁剪后，因为广角镜头的拍摄角度，所以画面还是有透视问题，即上大下小，需要在“变换”面板中调整一下“垂直”滑块，调整到背后的墙线横平竖直的状态即可，这样画面才会让人觉得舒服，如图 4-27 所示。

变换
Upright 更新
关闭 自动 引导式
水平 垂直 完全
变换
垂直 + 26
水平 0
旋转 0.0
长宽比 0
比例 100
X 轴偏移 0.0
Y 轴偏移 0.0
锁定裁剪
Upright 将重置裁剪和变换设置。要保留设置，请在应用 Upright 校正时按“Option”。

▲ 图 4-27

修改前后的对比如图 4-28 所示。

▲ 图 4-28

第 2 步：调整基本参数。

照片明显过亮，在降低曝光后，降低高光，提亮暗部，做到光比平衡，如图 4-29 所示。

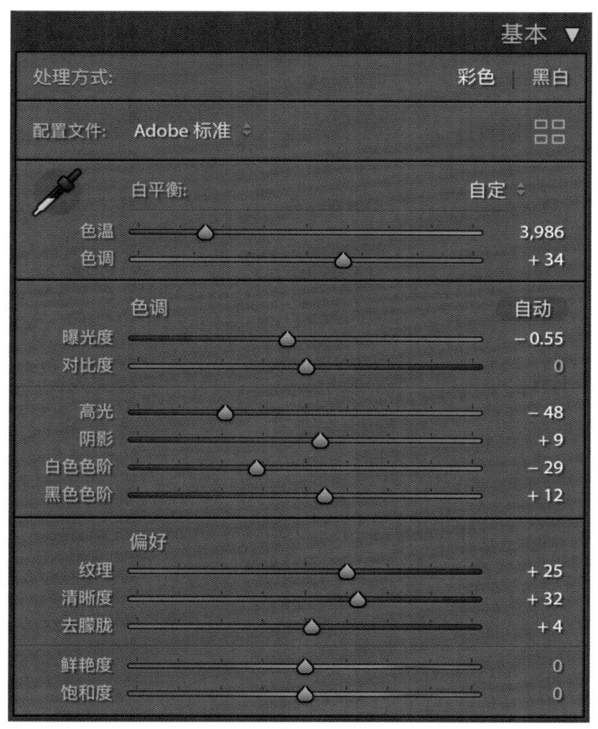

▲ 图 4-29

修改前后的对比如图 4-30 所示。

▲ 图 4-30

第 3 步：调色。

经过前两步，画面已经有了复古调性，接下来加强色彩即可。观察照片，颜色明显非常寡淡，因此需要让黄色更黄、绿色更绿、红色更红。曲线调整的是照片整体的色调，无法做到颜色的精细化调整，因此单个颜色的精细化调整还是要靠 HSL 来解决。通过提高或降低颜色的饱和度和明亮度来调整颜色的视觉效果，调整的程度可以尽量多地尝试，如图 4-31（a）和图 4-31（b）所示。细节方面要提高锐化，因为南瓜是质感纹理较重的物体；加强细节质感的同时，如果增加了噪点，则应该适当使用噪点消除功能去除部分噪点，如图 4-31（c）所示。

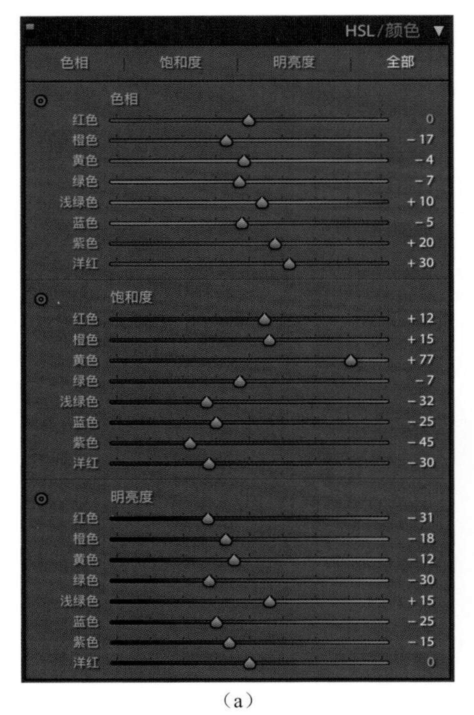

（a）

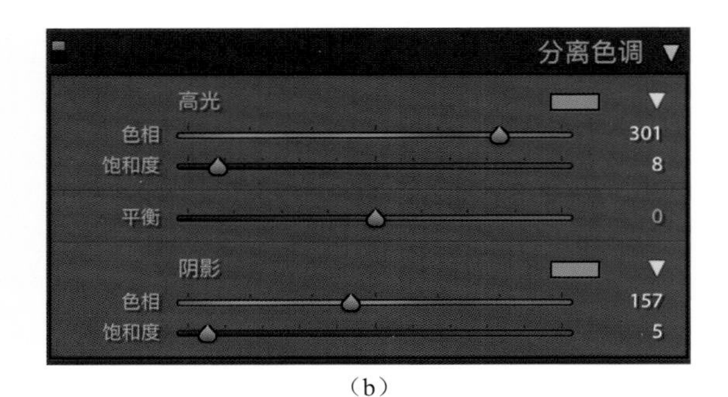

（b）

▲ 图 4-31

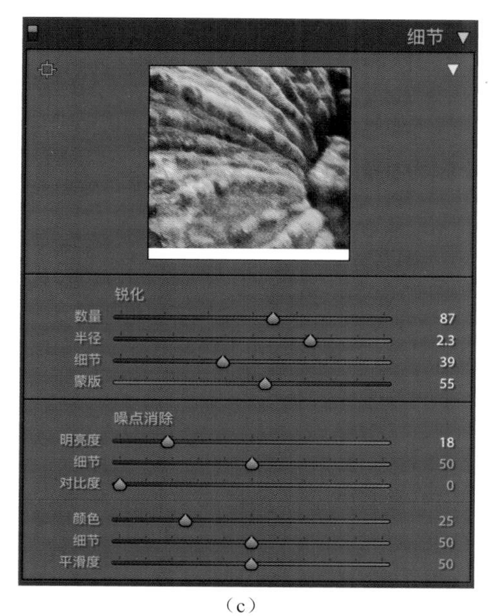

（c）

▲ 图 4-31（续）

修改前后的对比如图 4-32 所示。

▲ 图 4-32

除了分离色调和 HSL，三原色的校准可以更快速、直接地调整颜色，如图 4-33 所示。

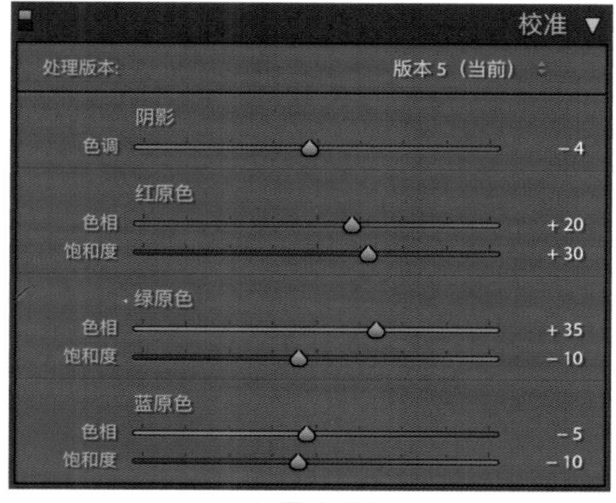

▲ 图 4-33

在经过上述调整后，照片整体的颜色太冷，将白平衡提高一些，如图 4-34 所示。

▲ 图 4-34

修改前后的对比如图 4-35 所示。

▲ 图 4-35

最后可以按照自己的喜好来进行调整，修图调色没有标准答案。

最终效果如图 4-36 所示。

▲ 图 4-36

4.2.2　街景

图 4-37 可以被归类为废片，需要转换后期调整思路，进行大的调整。

▲ 图 4-37

地面的橙黄、围墙的金黄和天空的蓝色互为对比色，蓝和橙是非常搭配的色调组合，因此可以将照片的颜色调整得夸张一些，像漫画一样。此外，构图是个大问题，很明显这张照片是从车窗伸出去拍摄的，道路往前延伸，因此可以将照片裁剪成竖图，保留中间的部分，以一条道路的延伸为主体。

第 1 步：配置文件、裁剪、调整曲线，如图 4-38 所示。

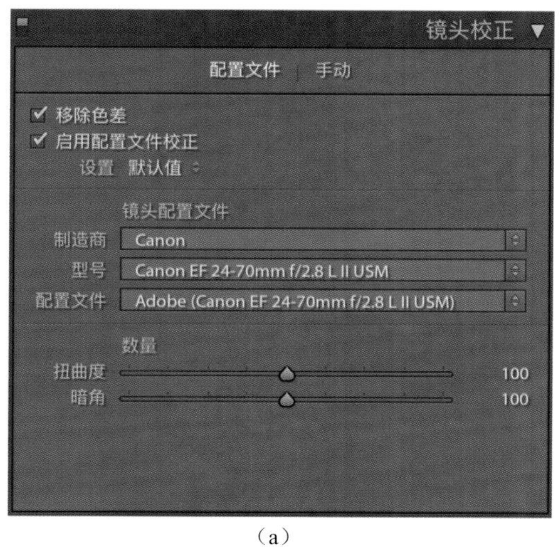

（a）

▲ 图 4-38

（b）

色调曲线

调整：

输入：70　输出：88

点曲线：自定

（c）

▲ 图 4-38（续）

修改前后的对比如图 4-39 所示。

▲ 图 4-39

第 2 步：调整基本参数。

这张照片整体的明暗关系是有问题的，由于高光区域过亮，因此应该尽量压暗亮部，提亮暗部，达到一个较为平衡的状态，同时增强细节，提高纹理和清晰度，使物体边缘更加清晰，类似漫画的勾线，并提高饱和度，如图 4-40 所示。

修改前后的对比如图 4-41 所示。此时照片颜色的质感已经出来了，但还不够，而且画面有点杂乱。接下来进行调色。

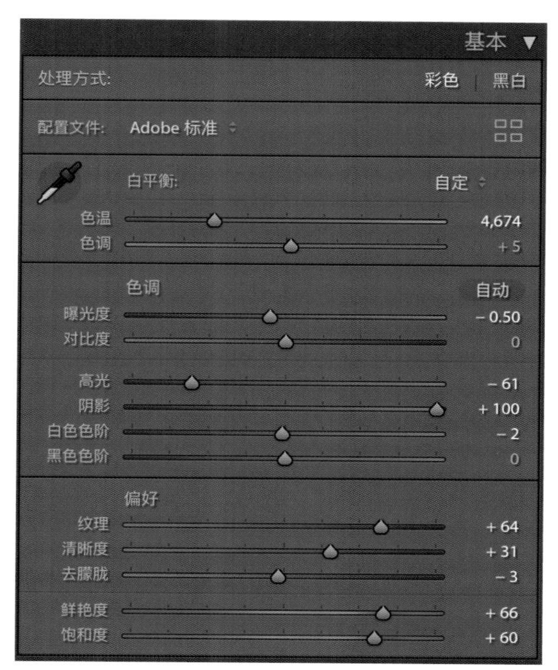

▲ 图 4-40

▲ 图 4-41

第 3 步：调色。

修改后的照片中有 5 种非常鲜明的颜色，调色的逻辑是进一步提高颜色的饱和度，并且将黄色调整为橙色。减少一个颜色，画面可以干净不少，如图 4-42 所示。

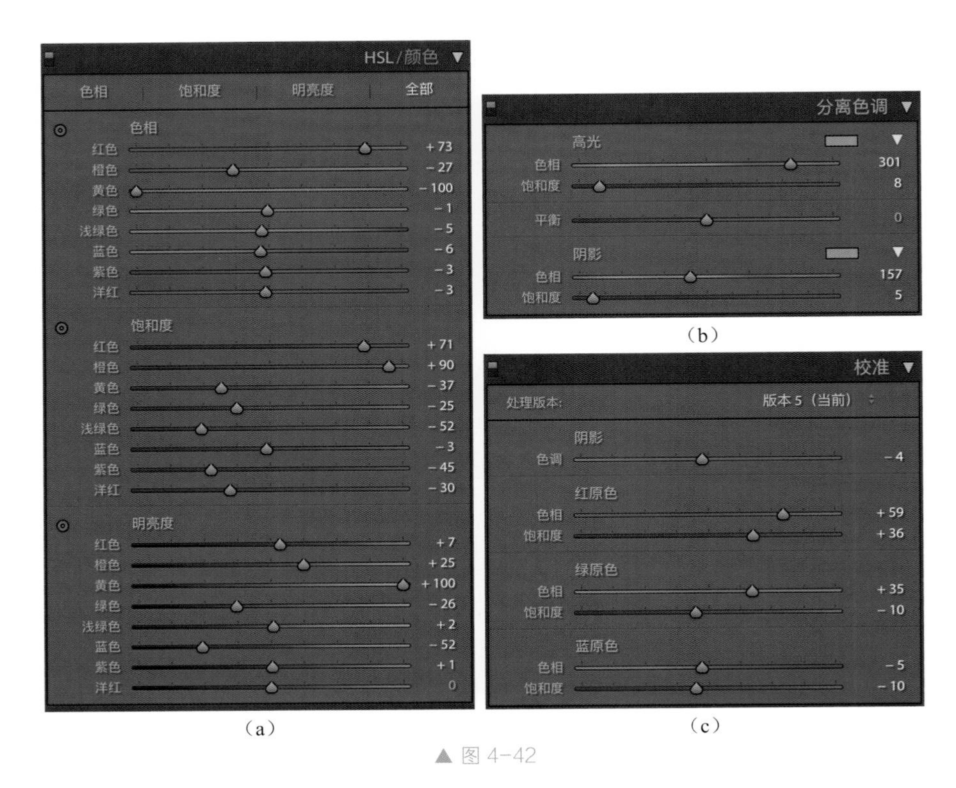

（a）（b）（c）

▲ 图 4-42

使用调整画笔，将白色的区域单独提亮，使云层的纹理更加明显，如图 4-43 所示。

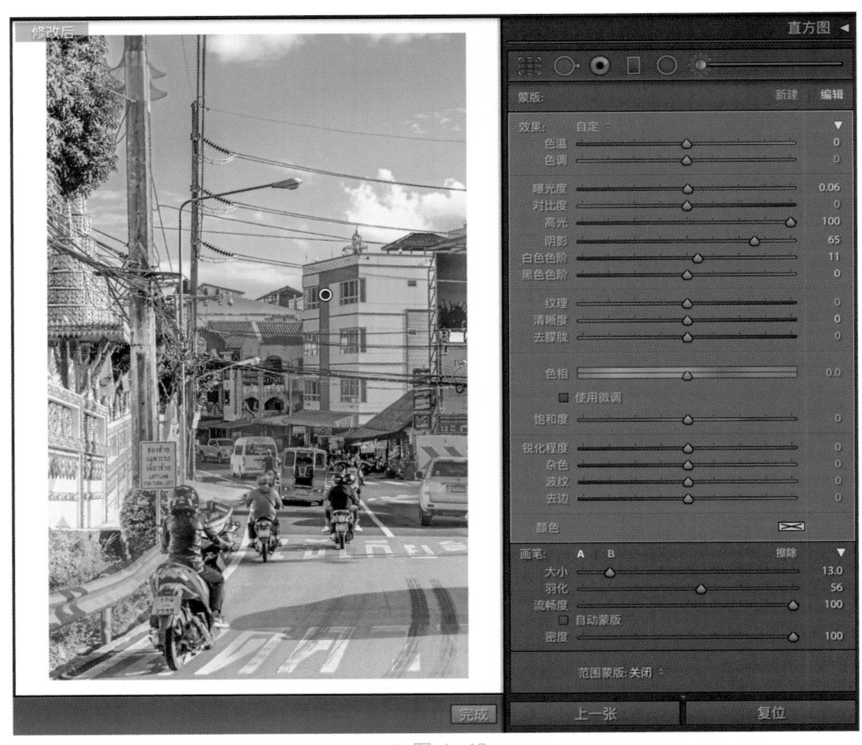

▲ 图 4-43

修改前后的对比如图 4-44 所示。

▲ 图 4-44

最终效果如图 4-45 所示。

▲ 图 4-45

尝试做更细致的修改，比如使颜色过渡得更精准，用 Photoshop 调整脏乱的地方等。

夜的美

夜晚摄影之所以独具魅力，首先是因为其与白天拍摄有着截然不同的光线条件。白天阳光明媚，光线充足，而夜晚相对光线较弱。这种光线条件的差异为摄影师提供了更多的创作空间。在夜间，光源的稀缺使得光影的运用成为摄影师展现创意的关键，街头的路灯、车辆的尾灯和霓虹灯广告牌等光源都可以成为摄影师捕捉夜间美景的利器。

在夜间摄影中，技巧的运用尤为重要。一方面，摄影师可以通过长曝光和高感光度等摄影技巧，捕捉夜间动态的光影变化。长曝光技巧可以使光线在画面中形成独特的光轨效果，增强作品的视觉冲击力。需要注意的是，长曝光等技巧要配合三脚架使用。另一方面，摄影师需要在后期处理时，通过调整画面的色彩、对比度和锐度等凸显作品的美感。

在夜幕下，摄影师可以捕捉人们在夜色中独特的生活状态，如辛勤工作的环卫工人、享受夜生活的年轻人等。通过对这些日常生活场景的记录，摄影师可以传递出对人性、对生活的关怀和理解。

探索夜间摄影的独特魅力，摄影师需要具备充足的创意、技巧和审美能力，以及对光影、场景的运用和选择能力，融入人文关怀，才能更好地在夜晚的画布上绘制出让人心驰神往的美景，如图 4-46 所示。

（a）

（b）

▲ 图 4-46

（c）　　（d）

▲ 图 4-46（续）

然而，在夜间拍摄过程中，摄影师往往面临许多实际的困难，如光线不足、噪点过多、色彩偏差等。正是因为这些挑战，后期处理在夜间摄影中显得尤为重要，其作用如下。

（1）降低噪点

夜间摄影由于光线不足，摄影师可能需要使用较高的 ISO 来获得足够的曝光。但是高 ISO 会导致画面中出现噪点。在后期处理过程中，摄影师可以使用降噪功能来降低噪点，提高画质。

（2）调整曝光和对比度

夜间拍摄的画面可能存在过曝或者欠曝的区域。后期调整曝光和对比度，可以让画面更加平衡，凸显主体。

（3）调整色彩

夜间的光源多样，可能导致画面色彩偏差。在后期处理过程中，可以调整色温、饱和度和色调，使画面色彩更加协调和自然。

（4）提取明暗部细节

在夜间拍摄过程中，由于光比过大，可能无法捕捉一些明暗部细节。在后期处理过程中，可以通过局部调整或使用 HDR 技术来提取这些细节，丰富画面层次。

（5）处理人物和场景

在夜间拍摄过程中，摄影师可能会遇到画面中的人物和场景需要优化的情况。这时可以通过后期对人物进行美颜、修饰，以及对场景进行克隆、修复等操作，使画面更加和谐。

4.3.1 湖边日落

拍日落主要以太阳为主，太阳这个亮部光源不能过曝，如果过曝而放弃暗部，那么拍出来跟白天没有区别，这就没有了夜景的意义。摄影师可以通过其他拍摄手法来达到更好的效果，比如同时拍摄亮部曝光和暗部曝光的两张照片，通过后期合成或滤光镜片做长曝光拍摄等，然而这些方法都需要三脚架。图 4-47 的暗部依然保留了丰富的细节，在后期过程中可以调整。

▲ 图 4-47

第 1 步：调整曲线。

为暗部添加蓝色调。因为日落是橙红色的，为暗部添加蓝色调能够增强色调对比，如图 4-48 所示。

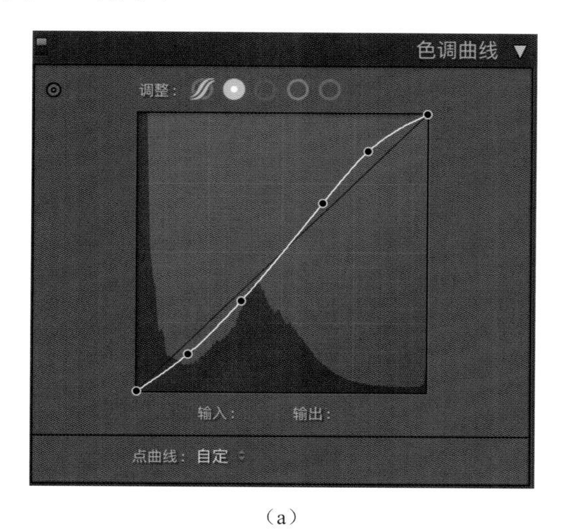

（a）

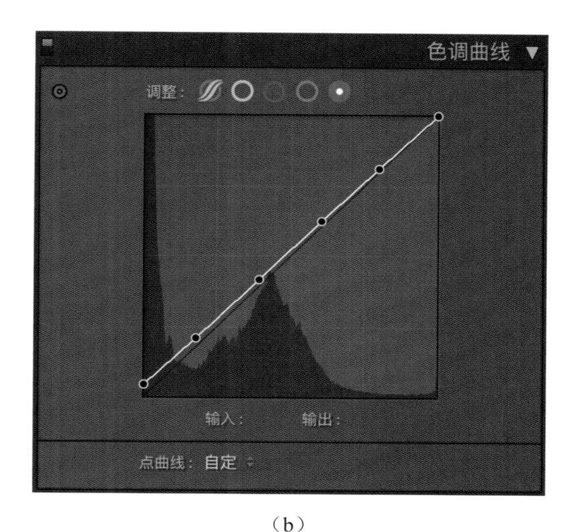

（b）

▲ 图 4-48

修改前后的对比如图 4-49 所示。

▲ 图 4-49

第 2 步：调整基本参数。

为了呈现日落浓郁昏黄的效果，要先适当添加白平衡里的黄色和红色调；然后略微提高曝光度（这里不能调整得过多，以防亮部过曝），并提高暗部的亮度，显露暗部细节；最后提高清晰度，如图 4-50 所示。

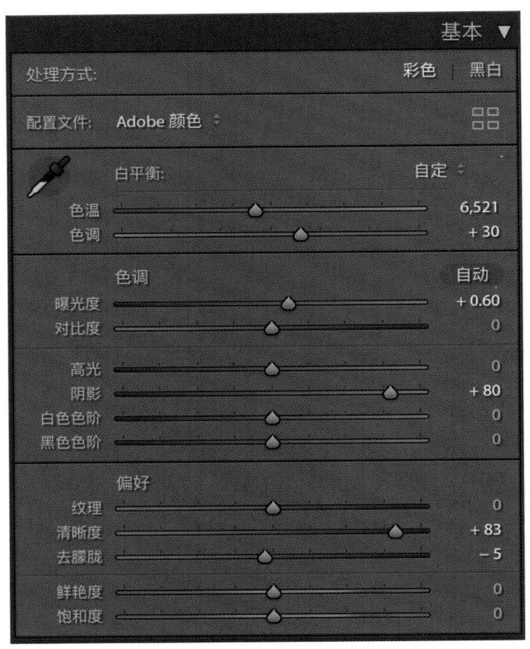

▲ 图 4-50

修改前后的对比如图 4-51 所示。

▲ 图 4-51

此时明暗关系已经处理得很好了，该有的细节都有，但是右上角的房屋歪斜，是广角镜头的透视导致的，因此还需要进行变换，如图 4-52 所示。

▲ 图 4-52

第 3 步：调色。

将天空调整成深蓝色的，将日落的颜色调整成浓郁的橙红，如图 4-53 所示。

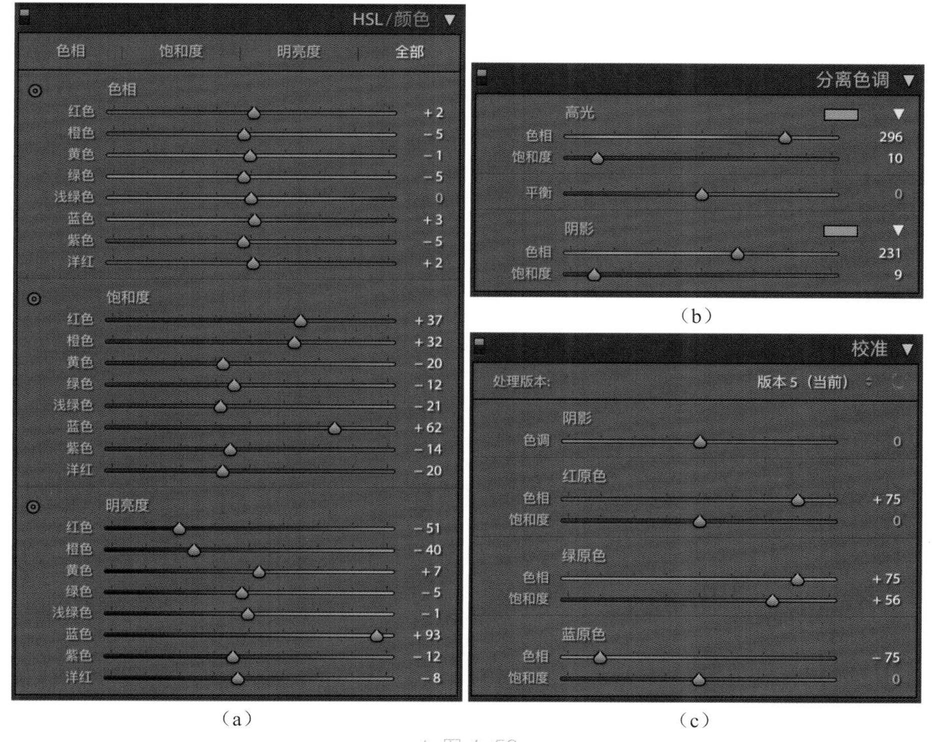

（a）　（b）　（c）

▲ 图 4-53

夜间拍摄的照片在前期不够的情况下，有噪点是非常普遍的。简单的噪点可以直接使用噪点消除功能去除，提升画面质感，如图 4-54 所示。

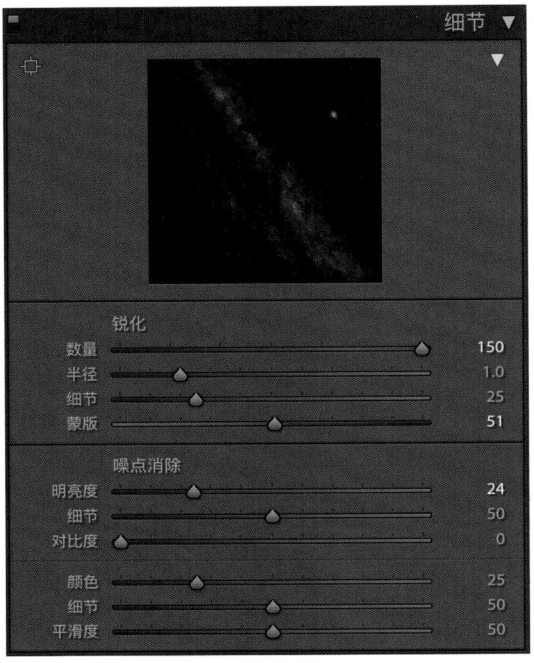

▲ 图 4-54

修改前后的对比如图 4-55 所示。

▲ 图 4-55

最终效果如图 4-56 所示。

▲ 图 4-56

没有暗部细节也很好看，如图 4-57 所示。

▲ 图 4-57

永远不要害怕尝试，任何废片都有可能变成好片。

4.3.2　夜晚街边小贩

夜晚的灯光能营造出非常美丽的氛围。路灯、车灯星星点点，能照亮小小的范围，其余的地方被黑夜笼罩。这个小小的范围就自然形成了画面的主体，自然营造出了凸显主体的氛围。黄色的暖光和黑夜的冷光自成对比，青、橙色调天然契合。街边小贩的车灯灯光将整个主体围拢，很好地照亮了主体细节，如图 4-58 所示。

▲ 图 4-58

第 1 步：按照压暗亮部、提亮暗部的思路调整曲线和基本参数。

在调整曲线时，增强对比色，以增强亮部和暗部的颜色对比；加强细节清晰度，与此同时增加的噪点需要用噪点消除功能去除，如图 4-59 和图 4-60 所示。

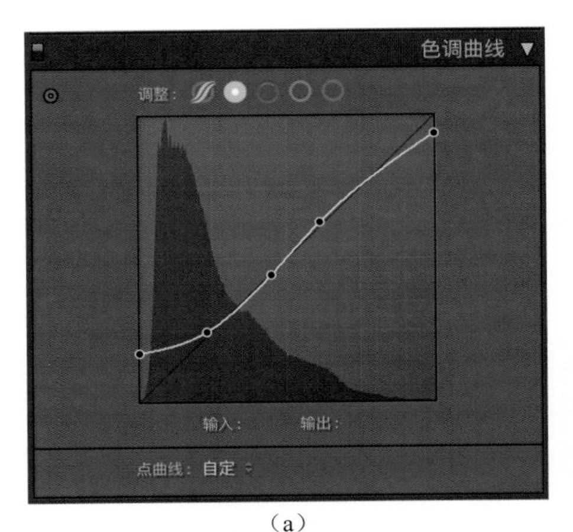

（a）

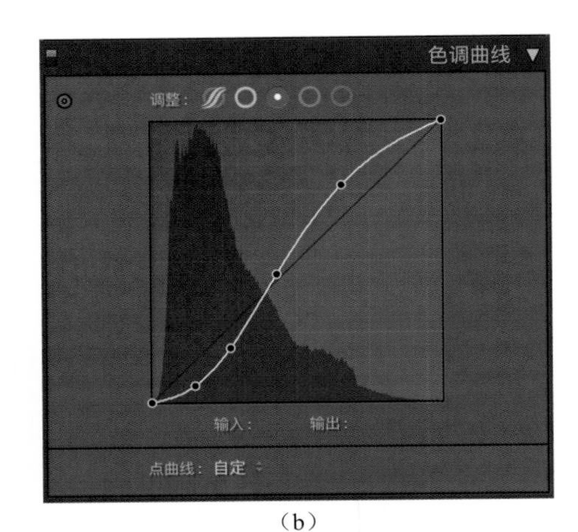

（b）

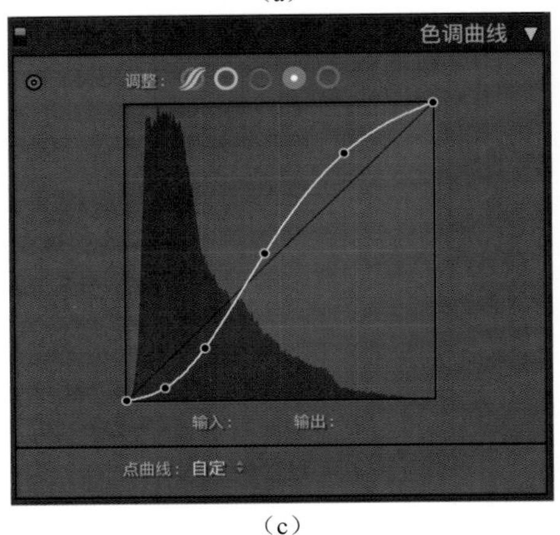

（c）

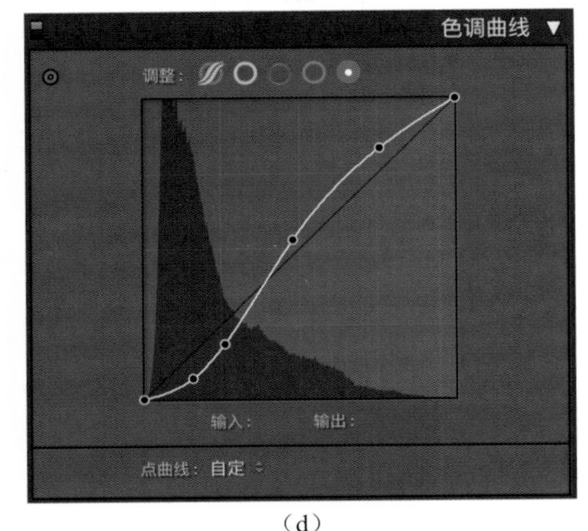

（d）

▲ 图 4-59

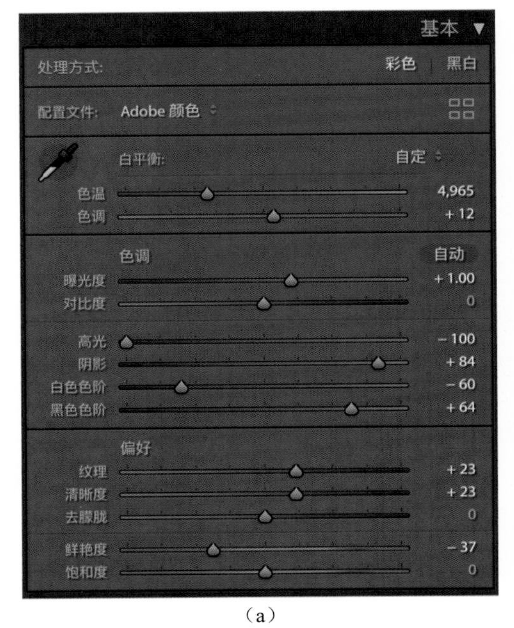

（a）

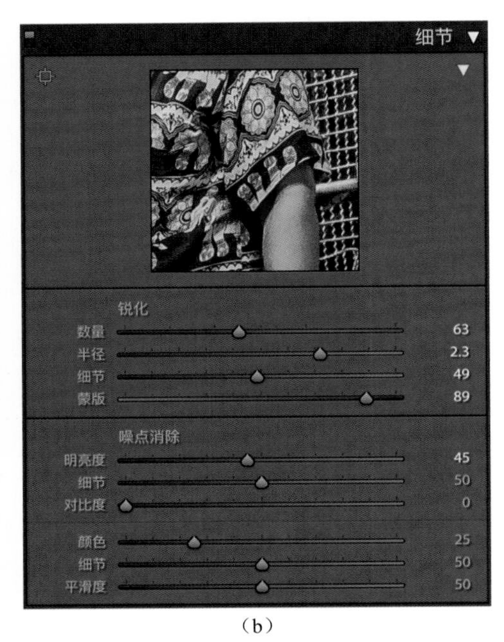

（b）

▲ 图 4-60

修改前后的对比如图 4-61 所示。

▲ 图 4-61

此时明暗关系已经成型，但是颜色还是非常乱。根据色彩搭配的原则，尽量减少画面中的颜色，以达到画面整洁、突出重点的目标。

第 2 步：将灯光部分改为橙红色。

在调色的时候，将橙色拉红，红色拉橙；增强蓝色的部分，将蓝色的邻近色向青色靠拢，并压暗蓝色，这样才有夜晚的感觉。在“分离色调”面板中，增加高光区域的橙色调，同时增加阴影区域的蓝色调，从而进一步增强对比，如图 4-62 所示。

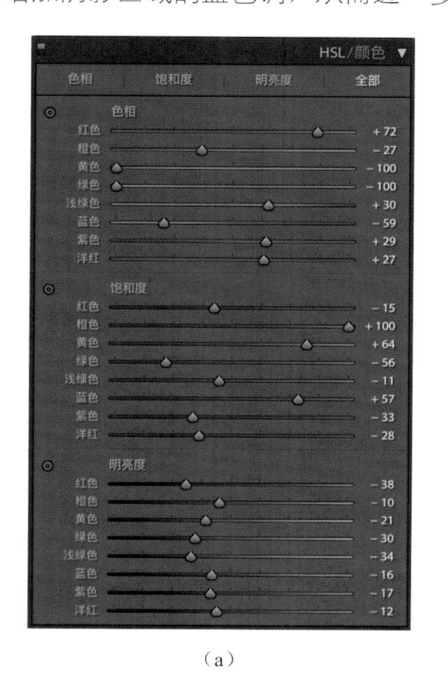

（a）

分离色调
高光
色相 45
饱和度 38
平衡 0
阴影
色相 226
饱和度 21

（b）

▲ 图 4-62

修改前后的对比如图 4-63 所示。

▲ 图 4-63

此时照片基本成型，但是周边光噪太多，显得特别杂乱。

第 3 步：将周围整体压暗，进一步凸显主体，并加一个蒙版，提高主体的清晰度，如图 4-64 所示。

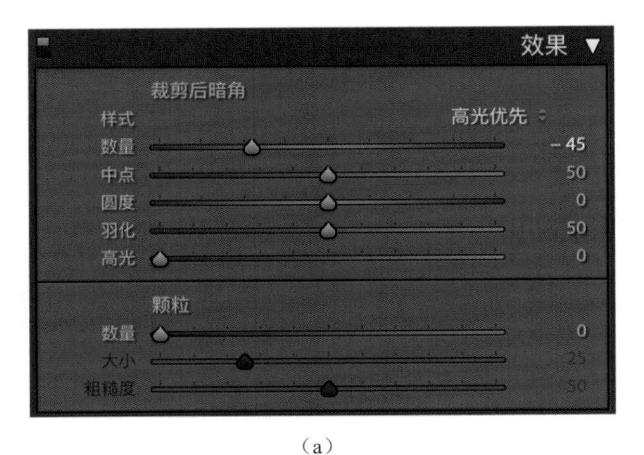

（a）

▲ 图 4-64

（b）

▲ 图 4-64（续）

修改前后的对比如图 4-65 所示。

▲ 图 4-65

最终效果如图 4-66 所示。

▲ 图 4-66

第5章 实战演练——几种影调

本章将简单介绍目前流行的影调风格案例。如果不想学习繁杂的理论，那么本章将帮助您快速上手。

厚重复古感影调

5.1.1 适合场景

厚重影调现在被越来越多的人喜欢，它带有浓郁、复古的风格。不同于日式小清新风格或冰冷、素淡的北欧极简风格，厚重影调具有浓烈的色彩，可以瞬间抓住观众的心。

厚重影调适用于暗调、中调甚至亮调。其实绝大多数人都会觉得，暗调的照片比较高级、耐看。为什么暗调的照片更耐看？因为照片整体的光集中在主体这一个点上，微弱的光亮在黑暗中很显眼，却非常温和，而亮调照片就是全亮，或者一处比一处亮，会使眼睛产生疲劳感。

此外，厚重影调非常适合在市井气息浓厚的地方扫街，即便是明亮、五颜六色的市井气，如图 5-1 所示。

(a)

▲ 图 5-1

（b）

（c）

▲ 图 5-1（续）

厚重影调也很适合美食静物，会赋予场景复古的气息，如图 5-2 所示。

（a）

（b）

▲ 图 5-2

（c）

▲ 图 5-2（续）

厚重影调在花草果蔬等植物照片中的效果也非常惊艳，如图 5-3 所示。

（a）

▲ 图 5-3

（b）

（c）

（d）

▲ 图 5-3（续）

厚重影调要怎么调呢？很多人在用 HSL 模仿其他作品的颜色后，会发现照片并没有表达出预期的感觉。其实这种“感觉”的关键就是曲线。厚重影调没有光影的强对比，通常要降低高光，提高阴影，同时运用高对比度的色彩，还有最重要的一点——暗部发灰。

5.1.2　番茄案例

接下来用一张例图，讲解如何使用曲线实现厚重复古感影调，如图 5-4 所示。

▲ 图 5-4

第 1 步：调整曲线。

观察图 5-4 整体的明暗关系，确立色调的基调。让暗部发灰，将黑色部分提高亮度，让它不那么黑。在 RGB 通道对角线的左下角单击任意点并向上拖动，在对角线的右上角（代表照片最亮的部分）单击任意点并向下拖动，从而降低高光。将各个颜色通道按照图 5-5 调整好，因为照片有大面积的绿色，所以要重点增强绿色的感觉。

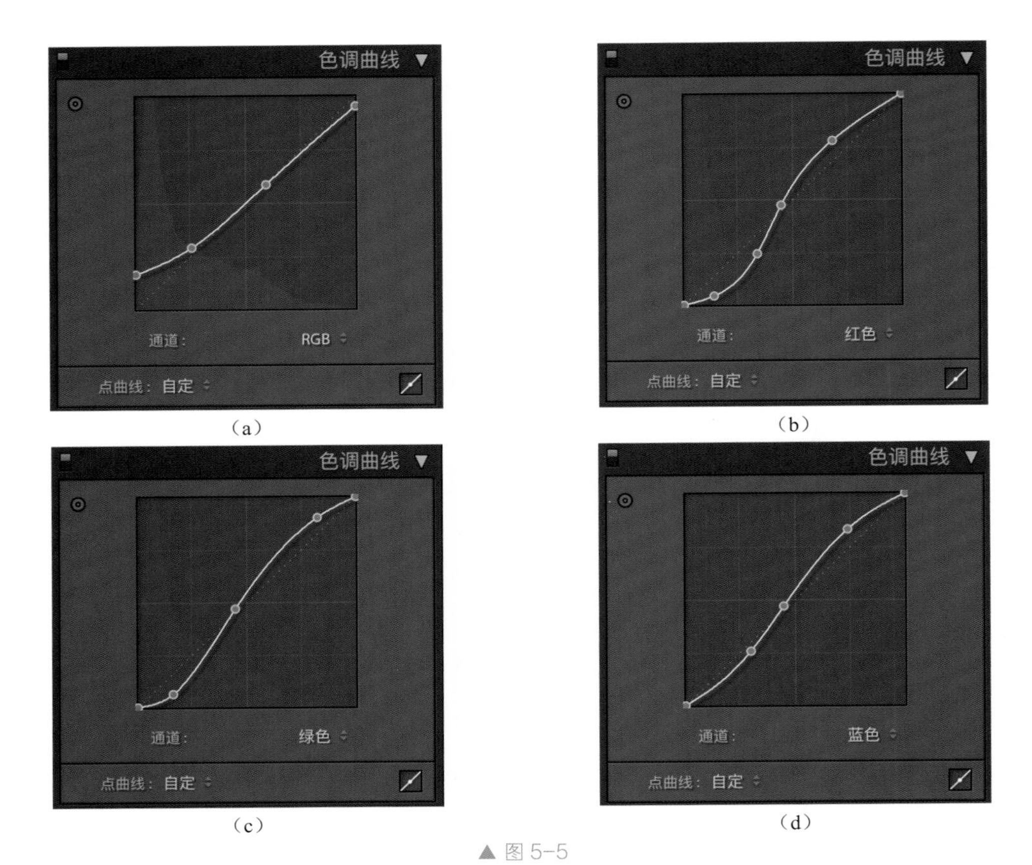

▲ 图 5-5

修改前后的对比如图 5-6 所示。

▲ 图 5-6

介绍 4 款比较经典的复古色调曲线图，如图 5-7 所示。

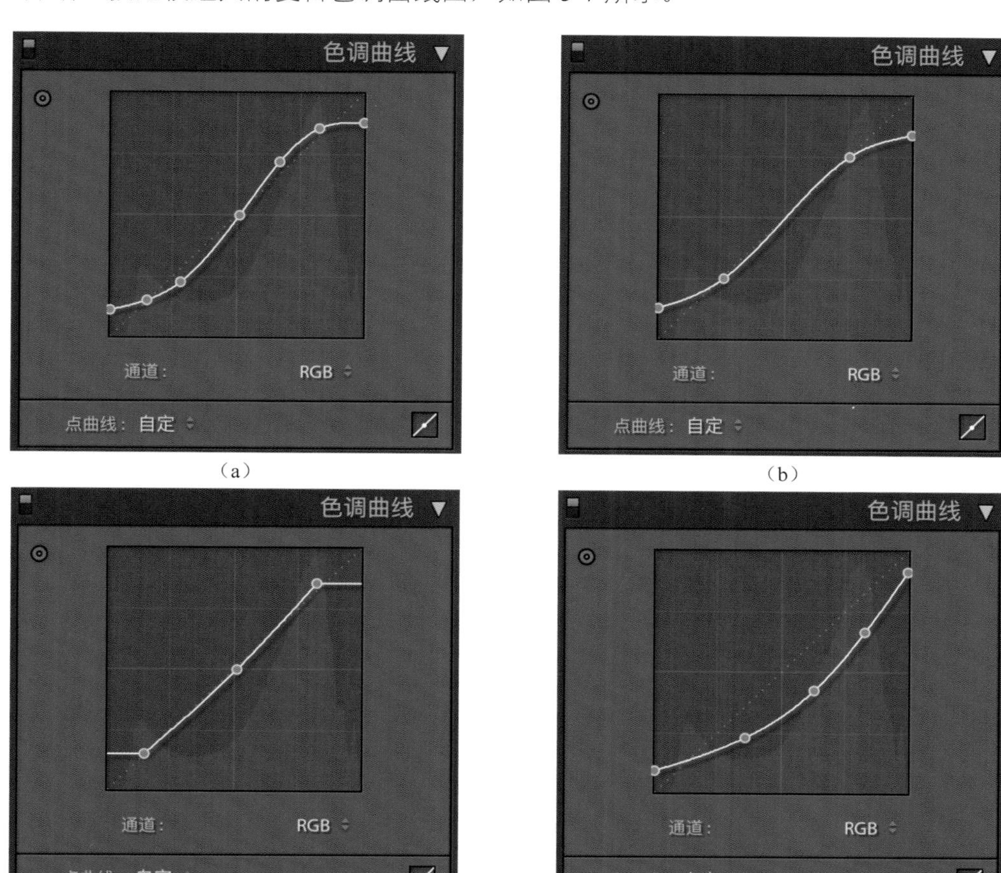

（a）（b）（c）（d）

▲ 图 5-7

第 2 步：调整基本参数。

曲线只能调整大致的明暗关系，更细微的明暗细节要通过基本参数调整。进一步压暗亮部，提亮暗部。在细节方面提高清晰度、纹理和锐化，因此产生的噪点要用噪点消除功能去除，如图 5-8 所示。

修改前后的对比如图 5-9 所示。

第 3 步：调色。

这张照片的特点是有大片绿色，并且红得特别鲜艳。仔细观察照片中的绿色，它其实不是绿色，而是青绿色。绿色应该怎么调呢？很简单，先把绿色色相往青色拉一下，再把绿色的饱和度至少降低一半。

这张照片主打红绿对比，将绿色作为基底色，突出红色。在“分离色调”面板中，把阴影色调往绿色方向调，饱和度的值在 5 左右。同时作为补偿，把高光设为对比色洋红，饱和度的值在 8 左右。

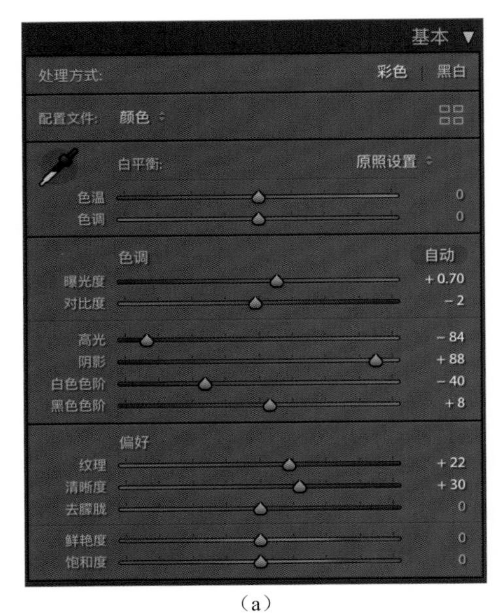

（a）

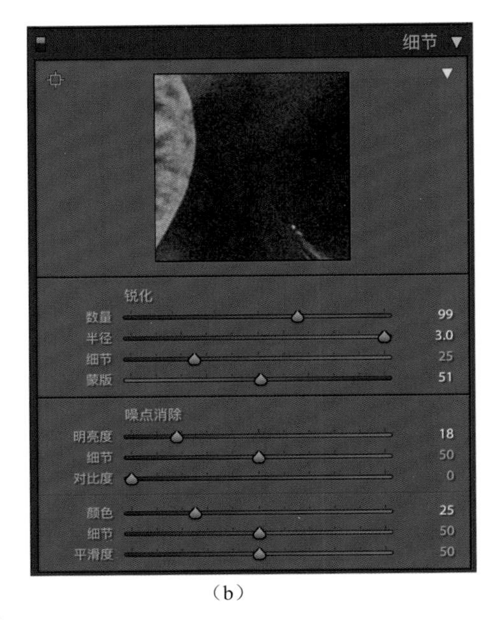

（b）

▲ 图 5-8

▲ 图 5-9

此时，整个影调的要点就大致实现了，其余的调色操作不会影响大局。需要注意的是，在降低绿色的饱和度的同时，不要过多地降低红色的饱和度，以形成对比。此外，作为一个标准的复古色调，各个颜色的饱和度都要相应降低，明亮度也要降低，具体参数如图 5-10 所示。

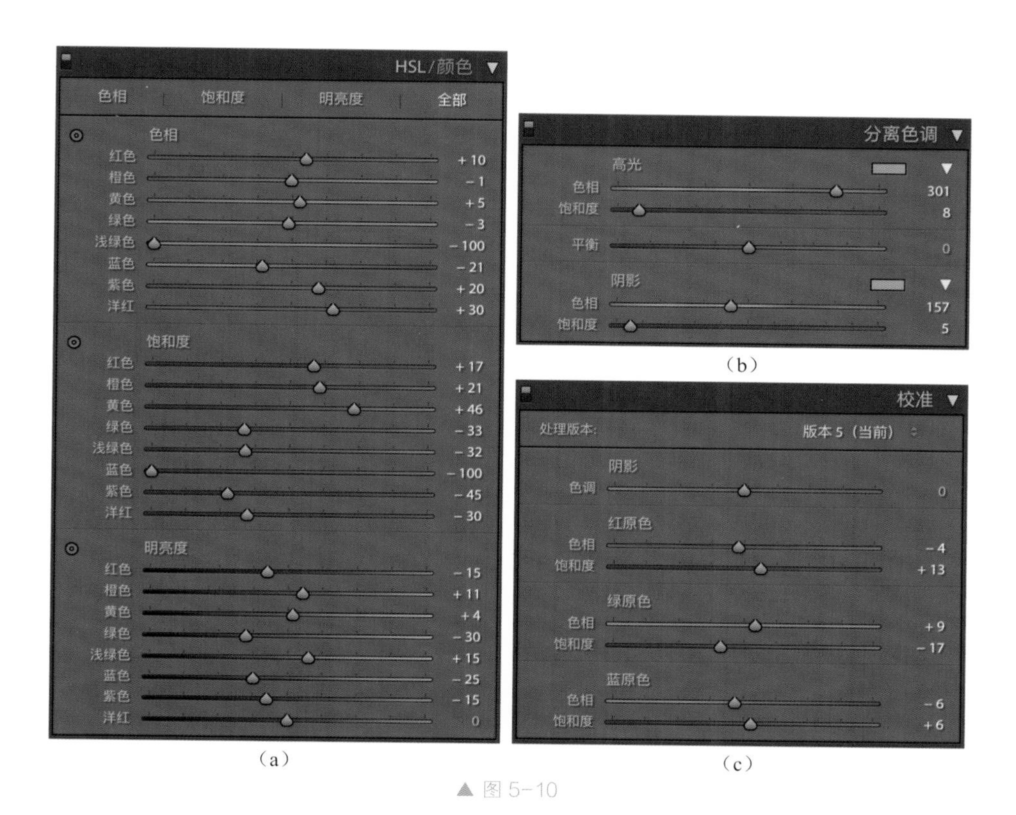

▲ 图 5-10

修改前后的对比如图 5-11 所示。

▲ 图 5-11

最终效果如图 5-12 所示。

▲ 图 5-12

5.2 清新影调

5.2.1 适合场景

提到清新影调，我们的第一感觉可能是日系，日本摄影师滨田英明的作品就是这种风格，如图 5-13 所示。

（a）

（b）

▲ 图 5-13

（c）

（d）

▲ 图 5-13（续）

清新影调的照片一般是亮调，并且画面简单，要么线条明快，要么主体单一。该影调的拍摄对象一般在生活中随处可见，并且是生活化、简单化、不烦琐的，哪怕小到一颗糖，都可以拍出“小确幸”的感觉。

5.2.2　野餐

观察图 5-14，画面简单，调色其实也非常简单。这张照片的明暗关系比较平衡，调色思路是整体色温偏冷、黄偏绿、蓝偏青，以及比较低的饱和度。

▲ 图 5-14

绿：要想打造小清新感，绿色应该调整为青绿，即青涩的绿，青涩的梅子似的绿。将绿色拉青一点，并将黄色和绿色的饱和度都降低。

蓝：蓝色色相要往青色偏移，并提高蓝原色的饱和度。

白：要想照片偏白，可以提高曝光度，将“白平衡”选区中的“色温”滑块向左（蓝色区域）拖动，将橙色的饱和度降低到 0，或者降低照片整体的饱和度。

第 1 步：调整曲线。

调整曲线的主要目的是平衡明暗关系，因为照片的阴影明显比较重，所以要提高阴影区域的亮度，如图 5-15 所示。

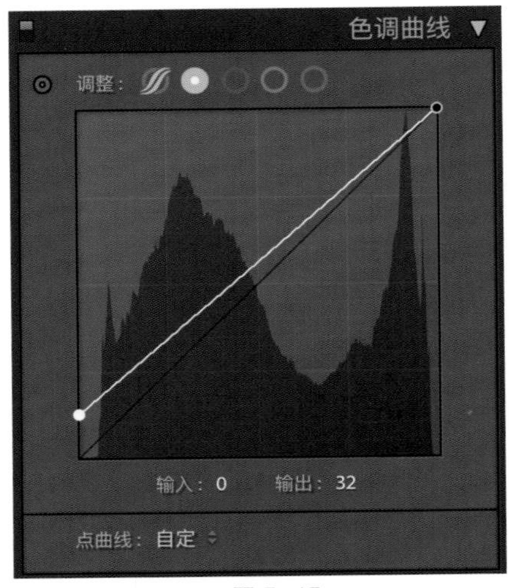

▲ 图 5-15

修改前后的对比如图 5-16 所示。

▲ 图 5-16

第 2 步：调整基本参数。

在调整完曲线后，明暗关系已经确定，微调基本参数即可。提高照片整体的亮度，稍微压暗高光区域，因为整体亮度的提高使得高光区域过于亮了；加强细节，降低鲜艳度，以达到清新的效果，如图 5-17 所示。

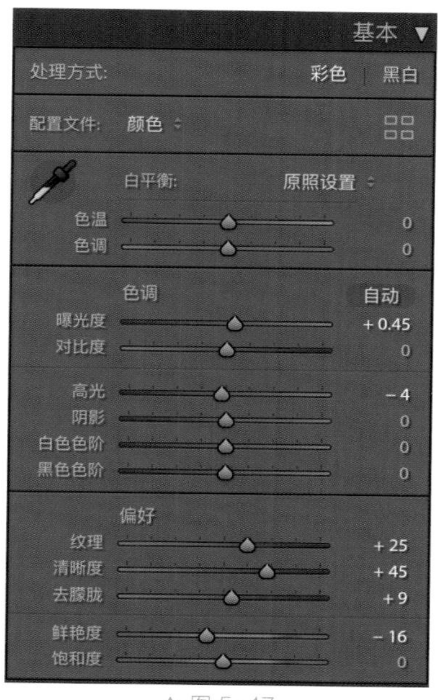

▲ 图 5-17

修改前后的对比如图 5-18 所示。

▲ 图 5-18

第 3 步：调色。

将黄色调整为偏向绿色，蓝色调整为偏向青色，如图 5-19 所示。

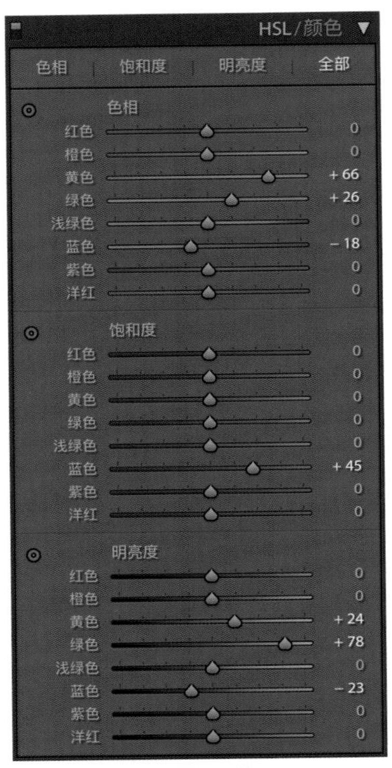

▲ 图 5-19

修改前后的对比如图 5-20 所示。

▲ 图 5-20

最终效果如图 5-21 所示。

▲ 图 5-21

清新影调其实非常容易实现，但仍然需要多尝试。

5.3 潮玩手办影调

盲盒手办在近两年愈发流行。各大社交平台上“大人也要玩玩具”的话题非常火爆，各种年轻的品牌 IP 层出不穷。这也催生了一种很新的摄影种类——手办摄影。手办具有稀缺性，并不是想买就能买到的，所以不管是接拍官方展示图还是体验官返图，都不只是一种乐趣，也是一种福利。

盲盒手办玩偶的尺寸（高度通常为 10 厘米左右）决定了在还原真实场景时需要定制小尺寸的道具。手办作为一种玩具，应该被赋予真实感，如果需要虚幻的场景，那么其实不需要实拍，3D 也能完美做到。以下是在真实场景中比较常用的拍摄方法。

首先，相机选择普通的微单、单反都可以。因为玩偶主体很小，所以镜头一般可以选用 100mm 左右的微距镜头。

其次，在场景选择上有以下技巧。

（1）凸显氛围，弱化场景

用氛围凸显手办的高级感、色彩感和质感，如图 5-22 所示。

（a）

▲ 图 5-22

（b）

（c）

（d）

▲ 图 5-22（续）

（2）模糊尺寸

将手办放置在没有明显的大小对比的场景中，如墙角、桌面和柜子等，使周边没有具体的参照物显示出手办的实际大小，如图 5-23 所示。

（a）

（b）

（c）

▲ 图 5-23

（d）

▲ 图 5-23（续）

（3）利用道具

将手办放置在真实的、适合其主体属性的场景中，利用真实的道具，营造出虚幻的小人走进现实的真实感，如图 5-24 所示。

（a）

▲ 图 5-24

（b）

（c）

▲ 图 5-24（续）

（d）

（e）

▲ 图 5-24（续）

（f）

（g）

▲ 图 5-24（续）

（4）户外拍摄

户外的自然环境适合绝大多数的手办。不管是晴天还是阴天，都有各自的氛围。在草地上、小河边也可以营造绝美的氛围。

在进行户外拍摄时有一点需要注意，选择适合手办主体属性和大小的场景，如小花、小草等，如图 5-25 所示。要想拍摄亭台楼阁、车水马龙，就未免有些不切实际，因为主体太小，使得画幅受限，即使 1 米的拍摄距离都会使背景严重虚化。这样做没有太大的意义。

（a）

（b）

▲ 图 5-25

（c）

（d）

▲ 图 5-25（续）

（e）

（f）

▲ 图 5-25（续）

（g）

（h）

▲ 图 5-25（续）

（i）

▲ 图 5-25（续）

（5）作为家居摆设

潮玩手办本来就有家居装饰性，因此将其作为家居摆设进行拍摄完全合理，也能营造出向往美好生活的感觉，如图 5-26 所示。

（a）

▲ 图 5-26

（b）

（c）

▲ 图 5-26（续）

（d）

▲ 图 5-26（续）

（6）拿在手上拍摄

将真实人物加入画面，能使得二次元的手办走进现实，不仅可以反映手办的真实大小，也能使观众联想其真实的触感，如图 5-27 所示。

（a）

▲ 图 5-27

（b）

（c）

▲ 图 5-27（续）

（7）造景拍摄

在室内营造符合手办主体属性的场景，使用小号的道具，运用灯光营造自然光感。这种拍摄成本较高，然而在雨天等无法外出的情况下也是不错的选择，如图 5-28 所示。

（a）

（b）

▲ 图 5-28

（c） （d）

（e）

▲ 图 5-28（续）

（8）使用白色背景

使用白色背景，打造出高级、清爽的感觉，如图 5-29 所示。

▲ 图 5-29

潮玩影调的调色方法和其他影调的照片差不多，这里以户外拍摄的手办照片为例，这张照片的纵深感比较强，具有故事感，如图 5-30 所示。

▲ 图 5-30

第 1 步：调整曲线和基本参数。

在调整曲线的时候，提高暗部的亮度。在“基本”面板中进一步提高暗部的亮度，并压暗亮部，同时提高清晰度，如图 5-31 所示。

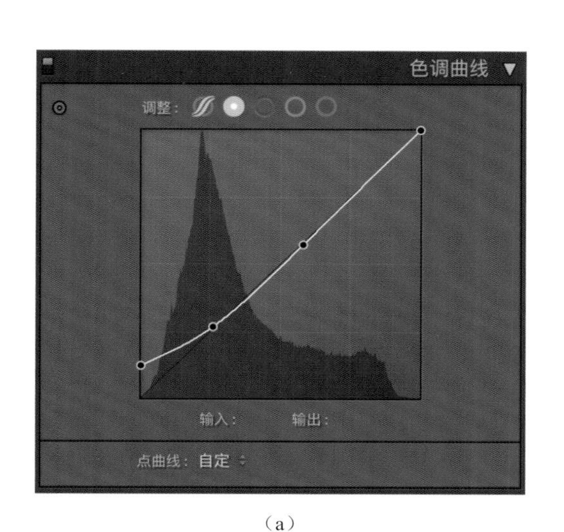

(a)

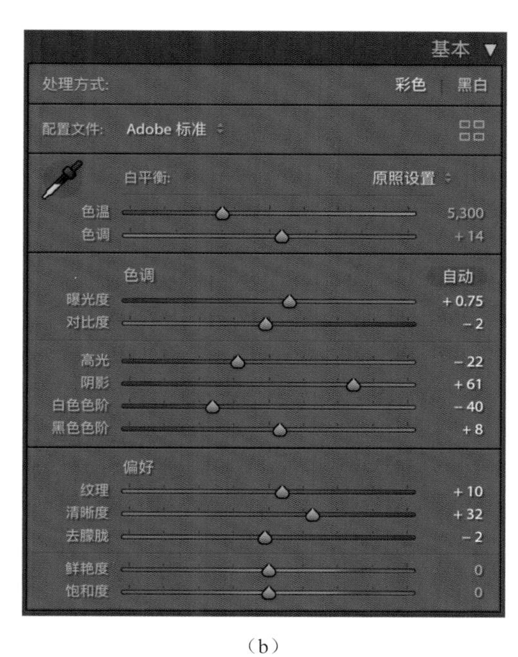

(b)

▲ 图 5-31

修改前后的对比如图 5-32 所示。

▲ 图 5-32

第 2 步：调色。

这张照片可以表现出夕阳的感觉，光可以再暖一些，同时提高锐化和消除噪点，如图 5-33 所示。

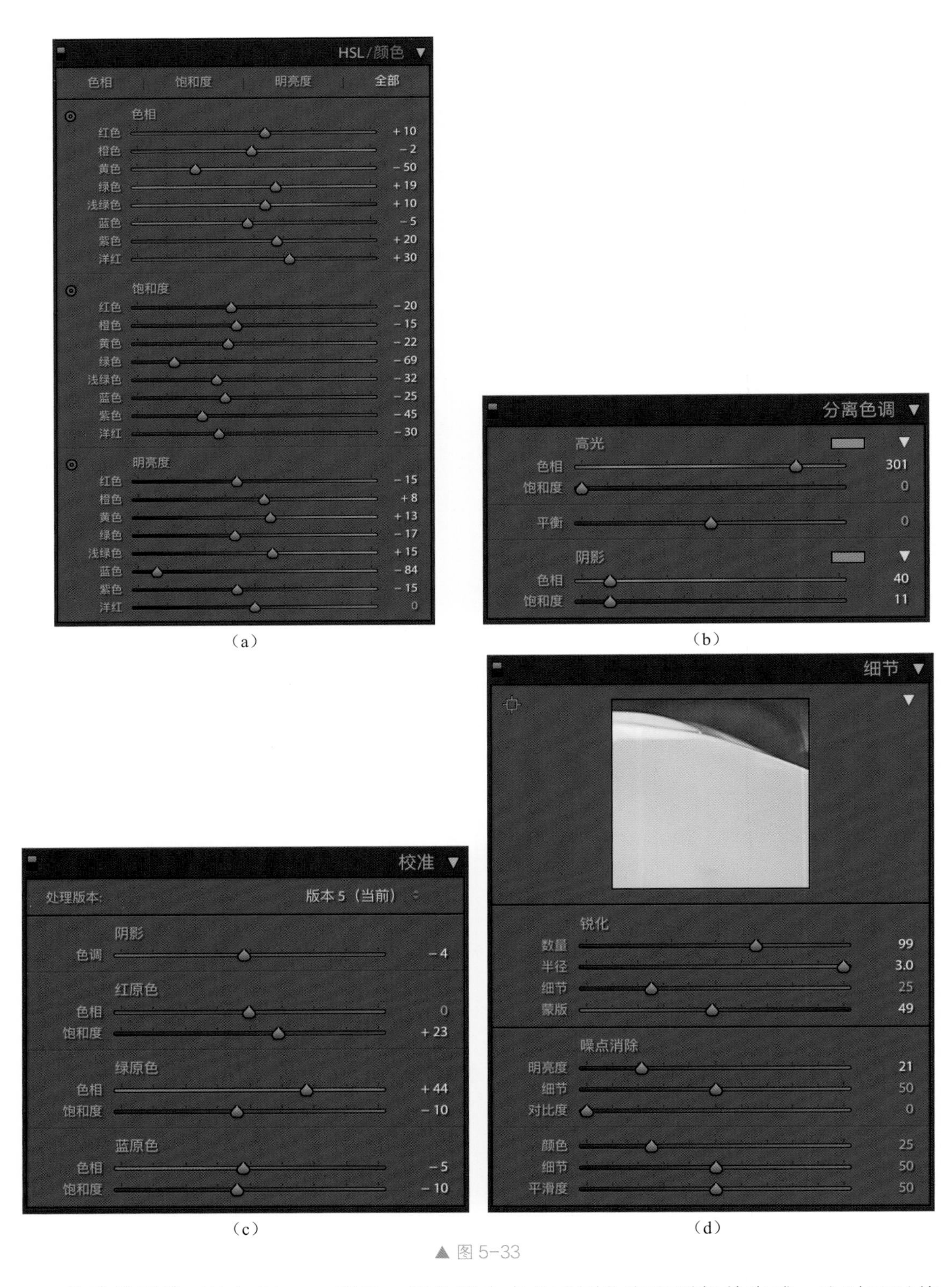

（a）（b）（c）（d）

▲ 图 5-33

修改前后的对比如图 5-34 所示。照片还少点儿戏剧化和童话般的光感，这时可以使用调整画笔。

▲ 图 5-34

第 3 步：蒙版。

使用调整画笔调整局部，添加两个蒙版，继续提高部分区域的光感。为了让主体融入背景，进一步提亮和增加暖色调，如图 5-35 所示。

（a）

▲ 图 5-35

（b）

▲ 图 5-35（续）

单击“径向滤镜”图标按钮，勾选“反相”复选框，再次加强主体范围的光感和细节，如图 5-36 所示。

▲ 图 5-36

单击“渐变滤镜”图标按钮，将横线从上往下拖动，进一步提高暗部的细节和光感，如图 5-37 所示。

▲ 图 5-37

修改前后的对比如图 5-38 所示。

▲ 图 5-38

最终效果如图 5-39 所示。

▲ 图 5-39

修图方法多种多样，但万变不离其宗，摄影师要根据自己的喜好和审美，不断尝试并做出改变。

在本书的最后，希望大家都能做出自己满意的作品。